MINISTÈRE DE L'AGRICULTURE ET DU COMMERCE.

L'AGRICULTURE DES ÉTATS-UNIS.

RAPPORT DE M. EDMOND BREUIL,

CONSUL GÉNÉRAL DE FRANCE À NEW-YORK.

PARIS.

IMPRIMERIE NATIONALE.

M DCCC LXXXI

RAPPORT

SUR

L'AGRICULTURE DES ÉTATS-UNIS.

EXTRAIT DU BULLETIN CONSULAIRE FRANÇAIS.

(Année 1881.)

L'AGRICULTURE DES ÉTATS-UNIS.

RAPPORT DE M. EDMOND BREUIL,

CONSUL GÉNÉRAL DE FRANCE À NEW-YORK.

PARIS.

IMPRIMERIE NATIONALE.

M DCCC LXXXI.

L'AGRICULTURE DES ÉTATS-UNIS.

Note sur le rapport général concernant la situation de l'agriculture
aux États-Unis.

Le Ministre de l'agriculture et du commerce, dans le but d'éclairer les agriculteurs français sur la situation de l'agriculture aux États-Unis, ainsi que sur les ressources dont celle-ci dispose, a prié, par une dépêche en date du 8 juillet 1879, M. le Ministre des affaires étrangères de faire recueillir sur cet intéressant sujet, par nos agents diplomatiques et consulaires, des renseignements aussi complets que possible, et lui a transmis à cet effet un questionnaire qui embrasse toutes les conditions de l'économie rurale.

M. le Ministre des affaires étrangères a bien voulu, par une lettre en date du 8 juillet dernier, prescrire cette enquête, et les réponses obtenues des consuls établis sur les divers points de l'Union américaine ont été condensées dans un rapport général, que le Ministre de l'agriculture et du commerce a prescrit de porter à la connaissance du public. C'est le but de la publication suivante.

Afin de faciliter les calculs de conversion des mesures, poids et monnaies mentionnés dans cet important travail, nous donnons la valeur en poids, mesures et monnaies françaises.

MONNAIES.

Dollar	5ᶠ 18
Cent (le centième du dollar)	o o518

MESURES DE LONGUEUR.

Mille	1,609ᵐ000
Yard	o 914
Pied	o 3o4
Pouce	o o25

MESURES DE SUPERFICIE.

Acre	4oᵃ 46

MESURES DE CAPACITÉ.

Boisseau	35ˡ 237
Peck	8 8o9
Gallon { pour les liquides autres que la bière	3 785
{ à bière	4 543

POIDS.

Livre	453ᵍ 59
Cental	45ᵏ 359
Tonne américaine (2,000 livres)	907 18o

SITUATION DE L'AGRICULTURE AUX ÉTATS-UNIS.

Réponse au questionnaire joint à la lettre ministérielle n° 178,
du 8 juillet 1879.

I.

Organisation de la propriété rurale. — Modes d'acquisition. — Ventes publiques. — Ventes particulières. — Concessions. — Prix et conditions pour les divers modes de transmission.

La propriété aux États-Unis est organisée et régie suivant des principes généraux différant peu de ceux consacrés par notre Code civil. Elle s'acquiert librement et se divise à l'infini; la transmission n'en est soumise à aucune restriction, soit qu'elle ait lieu par vente pure et simple, de gré à gré, par autorité de justice, par expropriation hypothécaire ou par droit de succession. Il n'y a point ici d'héritiers privilégiés comme en Angleterre. Les héritages se partagent également entre parents de même degré venant les premiers en ligne, héritiers soit directs, soit collatéraux, à moins de dispositions testamentaires spéciales. Par contre, la loi ne met pas de limites, comme en France, à la volonté du testateur, et celui-ci est libre d'avantager qui il lui plaît sans que son testament puisse être contesté de ce chef. Il n'y a donc aucune difficulté à l'acquisition ou à la transmission de la propriété, et les frais en sont peu considérables, sauf en cas de *litigation*, où les frais de justice sont souvent ruineux.

Mais si les transactions pour la transmission de la propriété privée ne présentent aucun caractère particulier, il n'en est pas de même de l'acquisition des terres publiques, qui forment un des principaux éléments de la propriété rurale en Amérique.

Les terres publiques se divisent en trois classes :

1° Les terres appartenant au Gouvernement de la Confédération (*Government's lands*);

2° Les terres appartenant aux États (*State lands*);

3° Les terres concédées à titre de subvention aux chemins de fer (*Railroad lands*), à des corporations, etc.

TERRES DU GOUVERNEMENT.

Les États-Unis d'Amérique, tels qu'ils existent aujourd'hui, ont été formés successivement :

1° Par le groupement fédératif des treize colonies anglaises devenues indépendantes par le traité de Versailles en 1783;

2° Par l'accession successive de toutes les autres parties du continent américain au sud des possessions britanniques et au nord de la République et du golfe du Mexique : cet immense territoire comprend actuellement trente-huit États, ayant chacun un organisme complet de gouvernement indépendant du Gouvernement fédéral, avec une législation et un pouvoir exécutif pour l'administration de ses affaires intérieures, d'où il résulte une grande diversité dans la législation concernant les affaires civiles;

3° Neuf États rudimentaires classés sous le nom de *territoires*, qui reçoivent leur administration du Gouvernement fédéral.

Une sorte de *territoire neutre* réservé au siège du Gouvernement, comprenant la ville de Washington avec sa banlieue, qui, sous le nom de *district de Colombie*, a une organisation politique et administrative spéciale relevant directement du Congrès.

L'ensemble de ces États et territoires présente une superficie de 3,542,280 milles carrés ou 2,291,355,098 acres, dont 2,835,582 milles carrés ou 1,814,772,648 acres constituent, sauf les parties dont il a été disposé dans le cours des temps, le domaine national (*Public lands*) des États-Unis.

Cette notion primordiale est très importante, parce qu'elle donne, dans une grande mesure, la clef de l'immense développement de la population, de la fortune et de la puissance des États-Unis. Elle est nécessaire pour faire comprendre comment une législation intelligente et libérale appliquée à la disposition d'une richesse domaniale pour ainsi dire illimitée, et répartie presque également du Nord au Sud dans les conditions topographiques et climatériques les plus variées, a porté la puissance de production des États-Unis à un degré tel que ce pays est devenu à la fois une providence alimentaire et un problème économique pour le monde entier.

La première loi réglementant l'organisation topographique et la disposition de ces immenses propriétés publiques remonte au 20 mai 1785, et elle a été si judicieusement conçue *à priori*, qu'elle n'a subi depuis que des modifications insignifiantes. Aux termes de cette loi, toutes les terres publiques, avant d'être mises en vente, sont cadastrées par les géomètres du Département de l'intérieur, auquel ressortit cette branche de l'administration, et divisées en *townships* ou circonscriptions municipales de six milles de côté, lesquelles circonscriptions sont subdivisées en trente-six sections d'un mille carré, chaque section contenant environ 640 acres en moyenne. Cette subdivision est établie par des lignes se croisant à angle droit dans la direction des quatre points cardinaux. Les sections sont numérotées de 1 à 36 commençant à l'angle nord-est du *township;* elles sont elles-mêmes subdivisées en quartiers de 160 acres, en huitièmes ou 80 acres et en seizièmes ou 40 acres. Les angles des *townships*, sections et quartiers de section sont marqués par des bornes établies sur place par les géomètres. Ce travail se fait progressivement, à mesure qu'avance la colonisation. Sur les 1,814,772,648 acres ou 2,835,582 milles carrés formant le domaine public, 724,311,477 acres ont été cadastrés depuis que la loi est en vigueur, c'est-à-dire depuis 1785, et il en reste en la possession du Gouvernement 1,090,461,171 non encore organisés.

Ces dispositions fondamentales sont la base du système foncier qui a doté les États-Unis de leur prodigieuse fortune agricole. De là découlent tous les avantages offerts à la colonisation et, par suite, l'affluence des populations européennes qui sont venues depuis un siècle refouler la barbarie indienne, peupler les solitudes du Nouveau-Monde et créer un foyer de production inépuisable.

Mais cette division territoriale ne serait qu'un plan sur le papier, une lettre morte, sans les lois de répartition qui en sont comme le commentaire économique et le corollaire pratique.

La même loi du 20 mai 1785, qui prescrit la division et la subdivision du domaine national, dispose d'abord que la seizième section de chaque *township* ou 1/36 des terres du Gouvernement sera mis à part pour le service des établissements scolaires. De plus, le Congrès peut toujours faire et fait souvent, en effet, des donations territoriales pour des objets d'utilité publique : routes, canaux, institutions municipales, de comtés et d'État, écoles d'agriculture, chemins de fer et autres objets compris sous le titre d'*améliorations intérieures* (*internal improvements*).

VENTES DES TERRES PUBLIQUES.

En dehors de ces concessions générales, les terres publiques sont ou vendues ou données gratuitement, suivant les lois dites de *homestead*, de *préemption*, de *timber culture*, etc.

Au fur et à mesure que certaines sections ont été cadastrées, comme il a été dit plus haut, elles sont annoncées et mises aux enchères par proclamation du président, sur la mise à prix soit de 1 dollar 25 cents, soit 2 dollars 50 cents par acre, suivant leur situation et leurs avantages respectifs. Celles qui restent invendues après avoir été offertes aux enchères peuvent être achetées à ces prix, en vente privée.

La loi dite *de préemption* (sections 2257 et 2288 des Statuts revisés des États-Unis) donne, en outre, à tous chefs de famille, veufs ou célibataires au-dessus de vingt et un ans, qui sont citoyens des États-Unis ou ont déclaré suivant les formes légales leur intention de le devenir, le privilège, moyennant certaines justifications réglementaires, d'acquérir, jusqu'à concurrence de 160 acres (65 hectares en nombre rond), des terres publiques occupées et mises par eux en exploitation, soit qu'elles soient ou non cadastrées, soit qu'elles aient été ou non mises antérieurement en vente publique. Si ces terres font partie des terres du Gouvernement dans la zone d'une concession de chemin de fer[1], le fermier qui y a été installé avant que cette concession fût faite, c'est-à-dire qui y a fait des améliorations permanentes (*permanent improvements*), ou qui y a résidé durant une année, a le droit de conserver la partie qu'il occupe en payant le prix minimum de 1 dollar 25 cents l'acre, quand même le prix légal viendrait à être porté à 2 dollars 50 cents.

[1] Aux termes des concessions de terres aux chemins de fer, la zone concédée est divisée en sections alternées, dont une sur deux est réservée au Gouvernement.

CONCESSIONS GRATUITES.

Des concessions gratuites peuvent être obtenues du Gouvernement :

1° En vertu des lois dites *de homestead* (sections 2289 et 2317 des Statuts revisés des États-Unis);

2° En vertu des mêmes statuts (sections 2304 à 2309) concernant les soldats et marins, leurs veuves et leurs orphelins;

3° En vertu de l'acte du 4 juin 1878 amendant les sections 2464 et 2468 des mêmes statuts pour l'encouragement de la culture forestière.

LOIS DE *HOMESTEAD*.

Les lois de *homestead* donnent à tout citoyen ou à toute personne ayant fait la *déclaration d'intention* droit à 160 acres de terre à choisir gratuitement dans les parties disponibles du domaine national, hors des zones comprises dans les concessions faites aux chemins de fer, ou à 80 acres dans les limites de ces concessions, à condition d'établissements permanents, de mise en culture et de résidence continue pendant cinq ans, sauf certaines exemptions prévues par la loi. Les dépenses de prise de possession pour frais d'inscription d'enregistrement, certificats, indemnités aux agents, etc., sont proportionnelles à l'étendue de la concession, et ne dépassent, en aucun cas, 18 dollars pour un *homestead* de 160 acres.

CONCESSIONS MILITAIRES.

Tout soldat ou officier de terre ou de mer ayant servi au moins quatre-vingt-dix jours dans l'armée des États-Unis *pendant la dernière rébellion*, honorablement congédié et resté *loyal* au Gouvernement, a droit à 160 acres de terres publiques; son temps de service effectif ou le temps de la durée totale de son engagement, s'il a été congédié par suite de blessures ou d'infirmités contractées au service, est déduit des cinq ans de résidence obligatoires exigés par la loi de *homestead*, sans toutefois que la résidence et la mise en exploitation puissent être, en aucun cas, réduites à moins d'une année.

CULTURE FORESTIÈRE.

Tout citoyen des États-Unis ou toute personne ayant déclaré légalement son intention de le devenir peut obtenir, indépendamment des droits conférés par la loi de *homestead*, 160 acres soit en dedans, soit en dehors des limites d'une concession de chemin de fer, à condition que 1/16, soit 10 acres de terre ainsi obtenue, soit planté d'arbres fruitiers, cultivé et entretenu pendant huit ans; après quoi, sur preuve finale, un titre de propriété en règle sera délivré au colon. Un *Settler* peut donc obtenir ainsi 240 à 300 acres (97 à 121 hectares 1/2) de terre de choix sans autre dépense que les frais d'enregistrement.

Telles sont les dispositions générales prévues par la législation pour la distribution des terres composant le domaine public. Il est difficile d'en embrasser toutes les conséquences d'un coup d'œil, mais on peut en comprendre plus aisément l'influence sur le développement des États-Unis par un simple fait. Dans le cours de l'année fiscale finissant le 30 juin 1879, 6 millions d'acres (4,046,000 hectares) de terres du Gouvernement ont été réclamés et occupés par de nouveaux colons en raison de la loi de *homestead*. Le nombre des familles qui sont venues ainsi grossir la population de l'Ouest n'est pas moindre de 50,000. Si on y ajoute les *Settlers* qui ont acheté leurs terres des corporations de chemins de fer ou de propriétaires particuliers, on peut aisément porter à 150,000 le nombre des travailleurs ruraux de toute origine et de tout âge établis sur le domaine des États-Unis dans l'espace d'une année.

Si maintenant on veut se rendre compte plus à fond des conséquences de la législation qui vient d'être exposée sommairement, il faut jeter un coup d'œil sur les conditions faites par la libéralité du Gouvernement général des États-Unis sous le titre de *State land* pour le service de l'instruction publique et aux chemins de fer (*Railroad land*) pour la facilité des communications.

Il serait à peu près impossible et inutile d'ailleurs de donner un tableau complet des transactions foncières particulières soit à chaque État, soit à chaque compagnie de chemin de fer, d'autant plus que la diversité des conditions produirait des complications et une confusion inextricables. Mais un seul exemple, dans l'un et l'autre cas, suffira comme un seul a également suffi pour faire apprécier la portée de la loi de *homestead*. Le double exemple sera d'autant plus frappant encore, étant choisi dans le même État, le Kansas, dont l'organisation remonte à 1854, et l'un de ceux qui présentent le type le plus accentué et le plus complet des États agricoles.

TERRES D'ÉTAT (*STATE LANDS*).

L'État du Kansas a reçu environ 3 millions d'acres de terre (12,001 hectares) à titre de dotation pour l'instruction publique, lesquels sont répartis entre l'université, le collège d'agriculture, l'école normale d'Emporia et les écoles communales. Ces terres offrent les avantages suivants :

1° Elles sont, pour la plupart, situées dans les parties aisément colonisées de l'État où le colon a le profit immédiat des chemins de fer, des villes et des marchés, où les écoles et les tribunaux sont déjà construits et où la société est organisée;

2° Elles se vendent à longs termes, en payements annuels, à un taux modéré d'intérêt, avec faculté de libération à une époque quelconque;

3° Le titre vient directement de l'État et ne saurait jamais être contesté pour cause d'hypothèques antérieures, de jugements, etc.

Les prix de vente sont fixés de temps à autre, dans chaque comté, par un comité de trois propriétaires à la nomination du surintendant de l'instruction publique, et ne peuvent, aux termes de la loi, être au-dessous de 3 dollars. La moyenne du prix de vente, jusqu'à ce jour, a été de 4 dollars 20 cents par acre. En 1862, alors que l'État ne comptait encore que 115,000 habitants environ, il avait été réalisé de la vente de ces terres un capital de 19,289 dollars 43 cents. Ce capital s'était élevé, à la fin de l'année 1878, avec une population de 710,000 habitants, à 2,264,262 dollars 30 cents. Les intérêts de cette somme forment, pour le service de l'instruction publique, une dotation annuelle permanente, inaliénable, dont chaque canton reçoit semestriellement sa part au *prorata* du nombre des enfants qui fréquentent les écoles.

Il reste encore, au même titre, environ 200,000 acres formant, pour l'avenir, une réserve dont la valeur s'accroît au fur et à mesure de l'accroissement de la population, au développement intellectuel de laquelle elle est destinée à subvenir. Cette réserve, indépendamment du capital actuel, est évaluée à environ 9 millions de dollars.

Il est à peine utile de faire ressortir la corrélation de l'instruction publique avec le développement de la fortune agricole des États. Elle n'est pas moins importante que la multiplication des voies de communication et que les plus précieux progrès matériels, et cette vérité est particulièrement mise en relief par le profit que tirent les populations rurales en Amérique de l'échange des idées, de la vulgarisation des procédés, de la connaissance des marchés, etc., résultant de l'immense publicité donnée à toutes les nouvelles acquisitions théoriques et pratiques par la presse spéciale, par les circulaires et les instructions des sociétés agricoles, par les rapports des expositions et des concours, qui sont ici multipliés dans des proportions inconnues en aucun autre pays du monde. Or, l'utilité de cette propagande est en rapport direct avec l'élévation du niveau intellectuel du peuple, qui est elle-même un des résultats naturels touchant *l'organisation de la propriété rurale aux États-Unis.*

TERRES DES CHEMINS DE FER (*RAILROADS LANDS*).

Le Gouvernement des États-Unis a toujours donné des encouragements, quelquefois d'une libéralité excessive, à l'établissement des lignes de chemins de fer, qui de 1830, où les 22 premiers milles ont été construits, jusqu'à la fin de l'année 1878, avaient atteint un développement de 81,955 milles, c'est-à-dire 25 p. o/o environ de plus que la France, l'Angleterre, l'Allemagne et la Russie réunies n'en avaient à la fin de 1876, et environ 12 p. o/o seulement de moins que n'en possédait l'Europe entière à la même époque. Sur ces 81,955 milles, 14,628 ont été construits par des compagnies ainsi subventionnées depuis 1850, et les quantités de terres concédées à ces compagnies forment un total de 43,744,348 acres 39.

Ainsi, sans sortir de l'État du Kansas, auquel a déjà été emprunté l'exemple précédent, cet État est traversé par cinq lignes de chemins de fer qui toutes ont été dotées, de chaque côté de leur voie, d'une bande de terre équivalant à une subvention considérable. La Compagnie *Atchison-Topeka et Santa-Fé,* par exemple, a reçu 2,250,738 acres 69, dont elle a vendu, jusqu'au 31 juillet 1878, 771,409 acres 90/100; du 1er janvier au 31 août de la même année, elle en a vendu 165,632 28/100, produisant une somme de 760,048 dollars 59 cents, au prix moyen de 4 dollars 63 cents 1/2 l'acre.

La Compagnie *Kansas-Pacific* a reçu 3,953,320 acres, dont elle avait vendu, à la même date, 1,023,270; du 1ᵉʳ janvier au 31 août de la même année, elle en a vendu 156,437,96, produisant une somme de 616,365 dollars 56 cents, au prix moyen de 3 dollars 94 cents. Le nombre d'acheteurs a été de 897, et la moyenne des ventes de 175 acres par acheteur, tandis que pour la ligne d'Atchison-Topeka et Santa-Fé le nombre d'acheteurs pendant la même période a été de 1,206, et la moyenne des lots vendus de 137 acres 1/4.

Il suffit de noter, pour mémoire, les lignes *Missouri-River, Fort-Scott et Gulf, Missouri-Kansas et Texas* et *Central branch Union,* qui, étant moins considérables, ont reçu des dotations proportionnelles à leur étendue. En considérant seulement les deux premières, on comprend aisément que, par ce moyen, le Gouvernement des États-Unis, grâce à son organisation territoriale, a fait plus que n'a jamais fait et que ne pourrait faire aucune puissance au monde pour le développement de son agriculture. Les concessions aux chemins de fer sur cette échelle, sans compter les garanties d'intérêts et nombre d'immunités précieuses, ne fournissent pas seulement des terres à bas prix, ou même gratuitement aux émigrants, elles fournissent à ces terres des moyens d'accès et des débouchés sans lesquels la plupart resteraient pendant des siècles encore désertes et stériles. Elles ont provoqué et elles provoquent encore bien des récriminations en raison du monopole qu'elles confèrent à des entreprises privées aux dépens du domaine public et dont souvent aussi celles-ci abusent pour extorquer des frets excessifs. Mais, en somme, ces oppositions à courte vue tombent devant les résultats de l'organisme dont le système des subventions territoriales fait partie intégrante, organisme auquel les États-Unis doivent, pour une grande partie, d'avoir vu élever leur population de 38,558,371 habitants en 1870, date du dernier recensement, à 50 millions, chiffre auquel elle est évaluée aujourd'hui, et le produit de leurs champs pendant la même période, de 236 à 449 millions de boisseaux de blé en 1879.

II.

Étendue des fermes. — Grandes, moyennes et petites fermes. — Proportion en tant pour cent de chacune de ces catégories de ferme. — Personnel que chacune d'elles exige pour son exploitation.

On a vu, au titre *De l'organisation de la propriété rurale,* que les terres du Gouvernement sont uniformément cadastrées pour être vendues ou concédées par lots de 160, 80 et 40 acres. Or, ces terres formant plus de la moitié du territoire des États-Unis, il semblerait qu'elles dussent constituer un type général permanent. En effet, il y a une très grande quantité de fermes comprenant 160, 80 et 40 acres ou leurs multiples; cependant ces divisions ne correspondent pas à la destination en grandes, moyennes et petites fermes. La catégorie moyenne se trouve entre 100 et 500 acres, tandis qu'il y a, au-dessus de ces chiffres, un nombre beaucoup moindre, mais considérable encore, de grandes propriétés rurales variant de 500 à 20,000 acres [1] entre lesquelles le terme moyen de 1,000 à 1,500 acres doit être accepté comme l'étalon de la grande propriété. Enfin, en deçà de 100 acres, on trouve une catégorie innombrable de petites fermes variant depuis ce dernier chiffre jusqu'à 20 acres et même au-dessous, la dernière subdivision cadastrale de 40 acres étant prise comme moyenne de la petite propriété rurale. En résumé, on peut classer ainsi les fermes américaines à raison de leur étendue :

1° Grandes fermes, de 20,000 à 500 ares; type général, 1,000 à 1,500 acres;

2° Fermes moyennes, de 500 à 100 acres; type général, 160 acres;

3° Petites fermes, de 100 à 20 acres; type général, 40 acres.

Quant à la proportion dans laquelle sont réparties ces trois catégories, il n'est guère possible de l'établir uniformément pour tous les États, quoique, suivant les données les plus probables, on puisse constater une variation ayant un caractère de généralité : c'est qu'à mesure qu'on avance dans l'Ouest on trouve la propriété moins morcelée. Ainsi, tandis que l'étendue moyenne des fermes est de 76 acres environ dans le Massachusetts, elle est de 100 acres dans l'État de New-York et de 114 dans le Wisconsin. Bien que les statistiques soient incomplètes sur ce sujet et ne permettent pas de donner des chiffres exacts pour tous les États, on peut dire que la progression se continue à peu près régulièrement dans la même direction.

Le relevé suivant fournit un exemple que l'on peut considérer comme typique de la division proportionnelle de la propriété rurale.

Le nombre total des fermes de toute dimension dans l'État de New-York est de 250,000. Le plus grand nombre se trouve dans la troisième catégorie, soit au-dessous de 100 acres (en chiffres ronds, 150,000 fermes); vient ensuite la classe de 100 à 500 acres (en chiffres ronds, 100,000 fermes); et enfin celle au-dessus de 500 acres, qui n'excède pas le nombre de 1,000 fermes.

Ici se place une observation intéressante, c'est qu'il existe une tendance marquée non au morcellement, mais au contraire à la réduction des petites fermes et à la multiplication des grandes. Voici quelques exemples de cette évolution : Depuis 1875 jusqu'à 1878, le comté de Steuben a gagné 1,712 fermes de 100 à 500 acres et en a perdu 1,272 de 100 à 50 acres; le comté de Lawrence a gagné 1,658 fermes de 100 acres et au-dessus et en a perdu 1,247 de moindre étendue; Cattavangus a gagné 1,606 fermes au delà de 50 acres et en a perdu 923 en deçà; Alleghany a gagné 1,832 fermes de plus de 50 acres et en a perdu 1,242 au-dessous, etc. On ne trouve pas d'exemples de la proportion contraire.

---

[1] Il n'est question que de fermes en culture; il existe des propriétés beaucoup plus étendues, mais qui ne sauraient être comprises sous le titre de fermes tant qu'elles restent inexploitées.

Cette tendance, du reste, n'est pas particulière à l'État de New-York. Partout la grande culture prend plus de place; il semble même que, dans un avenir plus ou moins éloigné, l'association doive, dans une mesure considérable, s'emparer de l'agriculture comme elle l'a fait de l'industrie. Déjà on voit les capitaux s'associer pour traiter une ferme comme une usine, et des compagnies se fonder quelquefois sur une vaste échelle.

Les chiffres donnés précédemment répondent dans une certaine mesure, en ce qui concerne la grande propriété, à la question concernant le personnel qu'exigent les fermes de chacune des trois catégories dans lesquelles se divisent les propriétés rurales. Pour une exploitation de 1,920 acres, 15 ouvriers sont jugés nécessaires avec un chef ouvrier et un supplément de bras pendant la saison des grands travaux. Notons que le prix de 12 dollars par mois est l'extrême minimum des salaires pour les ouvriers de ferme dans la généralité des États.

Quant aux deux autres catégories (fermes moyennes et petites fermes), elles sont pour la plupart et doivent être, on peut dire, cultivées par les propriétaires eux-mêmes et leurs familles, avec l'addition de bras supplémentaires en nombre proportionnel à la quantité de travail à exécuter dans les saisons les plus laborieuses. C'est ici le cas de dire que les familles les plus nombreuses sont les plus riches; car le grand problème, celui qui domine tout en ce pays, dans l'agriculture comme dans l'industrie, est toujours celui de la main-d'œuvre, à raison du prix élevé qu'il faut la payer et des résultats relativement insuffisants qu'on en peut attendre. «Les questions pratiques que nous avons à examiner (disait l'an dernier un des agronomes les plus distingués du pays, M. J.-C. Sloane, dans un rapport remarquable adressé à la Société d'agriculture de l'État de Wisconsin) sont celles-ci : 1° Les produits peuvent-ils être augmentés d'une fraction quelconque ou même doublés par des améliorations dans le mode de culture? 2° Cela peut-il se faire sans accroître le prix de la production dans une proportion plus grande que celle des produits obtenus?»

M. Sloane répond affirmativement, sans hésitation, à la première question et réserve son opinion sur la seconde. Mais un autre membre de la Société, M. R.-P. Main (de l'Orégon), reprend le problème et dit : «Il y a deux choses capitales contre le fermier dans ce pays : la première, c'est le prix de la main-d'œuvre. S'il existe un système par lequel nous puissions forcer l'ouvrier à travailler à meilleur marché qu'il ne le fait, nous pourrons faire de meilleur fermage, mais je n'en connais pas. Je ne vois pas comment nous pourrions faire pour que l'ouvrier travaillât pour des gages moindres que ceux qu'il exige aujourd'hui. Il semble que notre pays soit ainsi fait que nous ne puissions pas avoir sur nos ouvriers la même autorité que dans d'autres pays.» Rien n'est plus vrai. Aussi la réduction de la main-d'œuvre aux plus extrêmes limites du possible est-elle le point capital pour le succès d'une exploitation rurale. C'est une question de vie ou de mort pour le petit fermier. L'homme qui est obligé de recourir à des bras étrangers, sauf dans les temps de presse,

pour l'exploitation d'une petite ferme, c'est-à-dire d'une ferme au-dessous de
100 acres, est condamné à la ruine; et dans la limite de 100 à 500 acres,
bien qu'il soit impossible de déterminer en général le nombre de bras nécessaires, qui doit varier naturellement suivant la nature de l'exploitation, on
peut dire *à priori* que, quels que soient d'ailleurs les systèmes et les procédés en usage sur une ferme, la prospérité sera dans la mesure exacte de
l'aptitude du fermier à réduire le nombre des bras qu'il aura à payer et à en
tirer le meilleur parti possible.

III.

Valeur foncière des terres à l'hectare : près des villes; dans l'intérieur des terres;
dans les régions non défrichées, s'il en existe dans le pays.

Les lois de *homestead*, de *préemption*, de *timber culture*, etc., qui disposent
aussi libéralement du domaine public, les ventes aux enchères des terres cadastrées sur la mise à prix de 1 dollar 25 cents à 1 dollar 50 cents l'acre, et
la liberté laissée au public d'acheter au même taux, après les enchères, celles
de ces terres qui n'ont pas été adjugées, les ventes par les compagnies de chemins de fer à des prix variant de 2 dollars 50 cents à 7 dollars 50 cents, les
ventes par les États au prix moyen de 4 dollars; toutes ces facilités offertes au
public pour acquérir des terres en quantité illimitée ou gratuitement ou à
des prix presque nominaux forment un contrepoids permanent qui maintient
à un niveau très bas la valeur vénale de la propriété rurale en général. Cependant cette loi d'équilibre n'a d'action directe que sur les terres à l'état primitif et n'exerce qu'une influence lointaine sur la valeur des propriétés en exploitation, laquelle reste subordonnée à mille circonstances qu'il faudrait pouvoir
ramener à quelques types caractéristiques pour en faire la base d'une appréciation. Mais ici les éléments font défaut. Ce pays est si vaste, si divers, si
variable à bref délai et à courte distance, qu'il est, dans certains cas, impossible
d'y trouver des points fixes pour en tirer des conclusions générales. Ainsi,
aux environs mêmes de New-York, c'est-à-dire dans un rayon de 20 milles,
il y a des terres en friche qui valent 150 dollars l'acre, et dans la zone con-
tiguë, d'autres terres qu'on pourrait acquérir à raison de 10 dollars. Il ne
peut être question naturellement que de terres non cultivées, la valeur de
celles en exploitation dépendant principalement de leur état de culture et
d'entretien, du genre de production auquel elles sont propres, soit céréales
ou élevage, etc., des communications, du voisinage, de certaines conditions
économiques, etc. On peut se faire une idée de cette diversité par la note suivante empruntée au récit d'un voyageur publié dans le *Prairie Farmer* de Chicago : «Dans les comtés sablonneux du Michigan, j'ai été très impressionné
par la puissance de l'activité du Nord. On y voit des collines grises qui ne
semblent être composées que de gravier et de *nigger-heads* (roches noires),
produisant de belles récoltes de blé, de trèfles et de maïs; on y voit des rési-
dences luxueuses, de vastes et belles granges, de riches vergers et partout des

moulins à vent. C'est un des États les plus intéressants que j'aie jamais vus, et cependant un homme du Sud, du moins un Est-Mississipien, n'aurait pas l'idée de toucher du soc de sa charrue ces misérables sablonnières. Il n'est pas moins vrai que la terre dans le Michigan vaut de 70 à 100 dollars l'acre, tandis que la belle terre noire et prodigieusement fertile du Mississipi oriental se vend couramment à 15 dollars l'acre. »

La conclusion de ces observations, c'est qu'il n'existe pas en réalité d'autre critérium de la valeur de la terre que l'étalon officiel fourni par les concessions et les ventes du Gouvernement.

Peut-être ne sera-t-il pas inutile de citer un exemple de l'inconsistance des conclusions auxquelles on serait tenté de s'arrêter si on le voulait faire avec quelque précision. On y trouvera en même temps un aperçu de l'état déréglé qui est, un peu partout, le résultat de la croissance précipitée du pays. Ces observations, qui peuvent être utilement considérées ailleurs qu'en Amérique, sont empruntées au *Biennal Report of the State Board of Agriculture* du Kansas pour 1877-1878 :

« Dans le Kansas oriental nous trouvons un état de choses anormal. Cette section du pays offre des avantages supérieurs pour les gens ayant quelques moyens. Elle possède un réseau de chemins de fer admirable, qui ouvre d'excellents marchés pour les produits agricoles, de belles écoles et de belles églises, des ponts de construction nouvelle sur d'innombrables cours d'eau, des maisons de justice et d'autres travaux d'utilité publique, des fermes dans un état supérieur de culture, des vergers et des vignes en plein rapport, avec toute sorte de fruits, pommes, poires, pêches, abricots, nectarines, cerises, prunes, raisins et tous les petits fruits propres aux latitudes tempérées... Cependant on y trouve à acheter des terres presque au même prix que dans les parties vierges de l'État, ou tout au moins à des conditions infiniment inférieures aux sommes qui y ont été dépensées en améliorations; et cela dans une région qui ne le cède à aucune en fertilité. L'explication est facile. Dans les premiers temps du *settlement* de l'État, quand l'immigration s'y précipitait, le sol rendait si abondamment, et le marché, à la porte de chaque fermier, était si avantageux, que celui-ci se flattait de se trouver, dans un petit nombre d'années, entouré de tout le bien-être que peut donner l'affluence. Ce mirage engendra une spéculation folle, à laquelle se laissèrent entraîner même les vieux routiers qui avaient passé la crise de 1836-1840 dans l'Ouest. Des dépenses extravagantes furent faites en travaux publics et des bons à plus ou moins long terme furent émis pour les payer. Cet argent de convention, entré dans la circulation locale, fut réparti un peu dans toutes les mains sans que personne s'inquiétât des échéances. Cette nouvelle source de prospérité, qui n'était autre chose qu'une hypothèque sur l'avenir, exalta encore la spéculation sur les terres, à laquelle n'échappa plus aucune classe partageant les fragilités ordinaires de la nature humaine. Les fermiers, étant les plus prospères, furent les plus aveugles et subirent plus que tous les autres la manie de la terre, qu'ils achetèrent à des prix excessifs, payant de petits acomptes comptant, faisant des billets à ordre pour le reste, avec garantie hypothécaire sur leurs propriétés réelles.

« Cela alla bien tant que l'argent suffit aux payements, mais la désillusion arriva. Les valeurs tombèrent, les améliorations cessèrent, les bons qui avaient été émis pour des chemins de petite et grande communication, pour des écoles, pour des ponts, pour des maisons municipales, etc., nécessitèrent de gros impôts pour payer et pour alimenter un fonds d'amortissement; enfin les *morts-gages*, liens hypothécaires, vinrent à l'échéance, avec sommation de payer ou de se résigner à l'expropriation. Tout diminua, excepté les hypothèques, qui devinrent des excroissances malignes, cancéreuses, lesquelles dévorèrent bientôt non seulement les profits, mais les fermes. Bref, une série de circonstances impérieuses ont conspiré pour attirer des désastres financiers sur la classe des fermiers, qui, malgré le travail accumulé par de longues années et malgré leur attachement à la propriété qu'ils ont créée de leurs mains, sont réduits à abandonner leurs foyers, à sauver ce qu'ils peuvent et à recommencer dans l'Ouest, où les terres du Gouvernement leur offrent une hospitalité gratuite ou à prix nominal. Ce sont ces fermes, en vente à très bon compte, qui sollicitent l'attention des nouveaux colons à la tête de quelque capital, et les mêmes conditions se retrouvent à peu près dans la plupart des pays rapidement peuplés et développés. »

Bien que les observations qui précèdent ne répondent pas de point en point aux questions qui forment le sommaire de ce chapitre, elles fournissent cependant matière à des inductions aussi rapprochées que possible du but proposé. Hors de là on chercherait vainement une base pour des généralités.

I V.

Nature et valeur des bâtiments pour une ferme d'une étendue moyenne donnée
et dans les conditions ordinaires.

S'il s'agit de créer une ferme, il faut distinguer entre le rude pionnier qui arrive avec de très minimes ressources ou même sans autre capital que ses bras, résolu à passer par les épreuves et les privations de l'existence réduite à la satisfaction des besoins les plus élémentaires, et l'homme disposant d'une somme d'argent qui lui permette de pourvoir à une organisation régulière. Pour le premier, les dépenses de construction sont en quelque sorte négatives. Toute la question se réduit pour lui à vivre pendant le temps nécessaire à ses premiers défrichements, à ses premières cultures, à ses premières récoltes. Rien de plus primitif dans les régions boisées, qui sont les plus favorables et même les seules propices pour un tel établissement; une *log-house*, hutte faite de bûches brutes, et quelques autres abris accessoires construits des mêmes matériaux suffisent pour commencer la mise en œuvre d'un *homestead* de 160 acres comme d'un petit domaine de 20 acres. Dans le Minnesota, par exemple, un homme énergique peut trouver aisément du travail forestier, couper du bois sur pied, de sapin principalement, pour les scieries de Minneapolis, faire des traverses, écorcer et équarrir des bois qui sont achetés par le *Northern Pacific Railroad* pour la prolongation de la ligne vers l'Ouest. Ces travaux occupent tout l'hiver et sont assez largement rémunérés pour qu'au printemps l'ouvrier puisse prendre un *homestead*, se construire un abri, faire des provisions, acheter des semences et employer quatre mois à défricher quelques acres, planter du maïs, des pommes de terre, des légumes, etc., en quantité suffisante pour assurer l'existence de la même saison l'année suivante, presque sans toucher à ses salaires. Quand il aura fait ce métier pendant cinq ans, ses ressources se seront accumulées et il aura déjà les rudiments d'une véritable ferme sur laquelle il pourra construire autre chose que sa hutte primitive, une vraie maison avec des bâtiments accessoires, enfin tout ce qui est strictement nécessaire pour un établissement régulier, sinon définitif. Supposant qu'il ait alors 20 acres en exploitation, ce qui sera largement suffisant pour assurer son existence et lui permettre d'étendre progressivement son domaine en y consacrant tout son temps, les dépenses de construction qu'il aura à supporter sont évaluées comme il suit :

Maison d'habitation	200 dollars.
Grange et grenier	50
Remise à voiture et outils	50
Hangar à maïs	50
Étable et écurie	50
Poulailler	25
Communs et citerne	25
Total	450

En résumé, un établissement rural compris dans la catégorie des petites fermes, c'est-à-dire d'environ 40 acres en moyenne, comporte des bâtiments d'une valeur de 400 à 500 dollars dans les conditions ordinaires. Au delà les variations sont infinies et il serait impossible d'établir une règle générale, une grange seule pouvant parfois coûter jusqu'à 3,000 dollars. On peut dire cependant que la dépense des bâtiments ne progresse pas nécessairement en raison directe de l'étendue des exploitations. Dans le devis de premier établissement d'une ferme de 1,920 acres, rapporté au chapitre II, les bâtiments, hangars, etc., ne sont évalués qu'à 1,500 dollars, et cette somme est en effet rigoureusement suffisante. On peut suivre par induction la progression entre ce chiffre et celui établi ci-dessus pour une ferme de la troisième classe.

V.

Améliorations foncières. — Défrichements. — Clôtures. — Création de chemins ruraux.
— Dépenses dans une ferme d'une étendue moyenne pour ces diverses opérations.

Le travail de défrichement est extrêmement variable dans un pays si vaste, qui présente les caractères les plus divers de latitude, d'altitude, de composition géologique, de végétation, etc., où le sol se présente sous tous les aspects, tantôt montueux et couvert de forêts, tantôt s'étendant en plaines interminables où la terre végétale n'est recouverte que d'une couche d'herbes et de broussailles. Dans les premières de ces régions, les défrichements longs et laborieux sont en même temps généralement productifs, les bois ayant partout une valeur qui couvre le prix du travail et au delà. Malheureusement, ces abatages sont faits la plupart du temps sans règle, sans méthode, sans autre objet que le produit immédiat, et de magnifiques forêts sont ainsi ravagées au grand préjudice du domaine public, qui, malgré les lois protectrices, d'une application toujours difficile sinon impossible, est spolié de quantités énormes de matériaux dont la destruction se fera plus tard sérieusement sentir. Déjà le déboisement a pris des proportions inquiétantes dans certaines parties du pays, et l'attention du Gouvernement a été souvent appelée sur ce sujet important. Mais il n'est pas probable qu'on s'en occupe sérieusement avant que le mal soit devenu irréparable.

Quant aux défrichements exécutés en vue de la création de nouveaux établissements ruraux, ils suivent naturellement la progression de la colonisation. Ils l'exagèrent même; car le nouveau colon, voire même l'ancien fermier, a généralement une tendance prononcée à défricher plus de terre qu'il n'en peut cultiver convenablement, et bien des efforts et bien du temps, dans un pays où il est si précieux, sont ainsi gaspillés en travaux inutiles. Tout récemment un correspondant du *Times* de Londres, racontant ses impressions de voyage dans divers États de l'Union américaine, s'exprimait ainsi : « Un fermier anglais parcourant la Pensylvanie et l'Ohio ne peut manquer d'être frappé de l'énorme quantité de terres qui, bien que défrichées et ayant reçu un commencement de culture, restent, pour ainsi dire, abandonnées et improductives, tandis que même celles qui sont cultivées sont loin de donner ce qu'une bonne exploitation pourrait rendre ! » Rien de plus vrai dans la plupart des États.

« Tandis que nos amis de l'Est, dit le secrétaire du *State Board of Agriculture* du Kansas dans son rapport officiel de 1877-1878, ne cessent de recommander à leurs fermiers l'usage des meilleurs engrais et de leur enseigner les meilleures méthodes pour rendre la fécondité aux terres épuisées, les fermiers du Kansas, dans leur hâte inconsidérée de faire fortune, ne peuvent même pas être décidés à utiliser les engrais animaux de leurs fermes, ni même à modérer leur ardeur à remuer de nouvelles terres pour leur permettre d'améliorer les anciennes, c'est-à-dire celles qui sont déjà en œuvre depuis un an ou plus, la manie générale étant de mettre trop en culture aux dépens de la condition du travail. »

Quoi qu'il en soit et quels que soient les résultats, les défrichements marchent avec une extrême rapidité dans les États qui, comme celui du Kansas, sont dans la période de développement. L'accroissement des terres mises en culture dans cet État dans le cours de l'année 1878 n'a pas été moindre de 1,021,586 acres 54/100. Il n'est pas moins rapide dans la région du nouveau Nord-Ouest, c'est-à-dire dans le Minnesota et le Nebraska, particulièrement dans les vallées de la rivière Rouge et du haut Missouri. Cette contrée passait, il y a cinq ans seulement, pour un pays perdu, montueux, rocheux, absolument impropre à la culture et condamné à une stérilité éternelle; mais de nouvelles observations ont fait tomber cette prévention, et aujourd'hui, depuis la vallée de la rivière Rouge, en deçà et au delà de la frontière canadienne, jusqu'au point extrême où est parvenu le *Northern Pacific Railroad* à l'Ouest, on trouve des fermes depuis 160 jusqu'à 20,000 acres sur lesquelles se récoltent les meilleures qualités de blé, d'avoine et d'orge des États-Unis. On trouvera ailleurs des détails intéressants sur un établissement rural de cette dernière proportion, entièrement défriché et mis en culture dans ces dernières années. Il reste encore, appartenant à la même compagnie dans les mêmes parages, à 30 milles environ de distance, un lot de 50,000 à 55,000 acres, dont 5,000 entièrement labourés ont dû être ensemencés au printemps dernier.

La question des clôtures est assez importante; elle est même très sérieuse dans les régions où le bois manque. Dans les pays boisés, les clôtures sont faites de jeunes arbres simplement fendus, placés en longueur, étagés sur deux ou trois rangs, soutenus par des poteaux également de bois brut. Ce n'est alors qu'une affaire de main-d'œuvre, les matériaux se trouvant sous la main et ne coûtant rien. La valeur estimative, une fois ces bois en place, n'en est pas moins élevée, et l'on peut dire qu'une clôture de cette nature, bien établie, augmente d'un dollar en moyenne par *rod* (15 pieds courants) la valeur de la propriété qu'elle entoure. Dans les plaines nues, là où il n'y a pas de bois à proximité, les fermiers forment généralement des enclos de pierres sèches extraites du sol et simplement superposées. Mais ce procédé est plus coûteux, et le travail qu'il nécessite est généralement évalué à 170 dollars par rod. Au Kansas, où l'usage de ces enclos est très répandu, faute de bois, 1,007,106 rods d'enclos de pierres sont cotés dans les statistiques officielles comme constituant une valeur foncière de 1,715,552 dollars 97 cents.

Quant aux chemins ruraux, sauf les chemins intérieurs des propriétés et les raccords qui les rattachent, suivant les distances, aux chemins publics, ils sont divisés en diverses classes, suivant qu'ils ressortissent à l'État, au comté ou à la commune. Dans tous les cas, la création et l'entretien en sont mis à la charge des contribuables sous le titre *Assessements*, soit dans la proportion de l'étendue, soit à raison de l'évaluation du capital que représentent ou sont censées représenter les propriétés. Il est impossible d'établir de ce chef, même par approximation, une quotité de taxes qui est essentiellement variable suivant la situation des finances locales et aussi suivant le jugement ou le caprice des assesseurs. Il y a aussi des comtés et des *townships* (communes) où les contributions en argent pour la création ou l'entretien des routes peuvent être remplacées, en tout ou en partie, par des journées de travail. Mais pour cela il n'y a pas de lois générales, chaque État, chaque comté, chaque commune ayant une grande somme d'indépendance dans la sphère de ses intérêts particuliers. Ce système présente de grands inconvénients, celui notamment de permettre à des communes ou à des villes de se grever de dettes hors de proportion avec leurs ressources, ce qui va parfois jusqu'à entraîner la ruine de communautés entières. On pourrait en citer des exemples, un entre autres encore récent et concernant une ville d'une certaine importance en état de banqueroute complète. Mais, après tout, cette liberté est une condition essentielle de l'expansion illimitée qui se produit dans un pays d'imprévu comme celui-ci. Le correctif est à côté de l'inconvénient. Dans certains États, la loi limite la liberté de s'endetter, et dans ce moment même plusieurs législatures sont saisies de projets de lois destinées à refréner ces sortes d'extravagances.

VI.

Capital d'exploitation nécessaire pour une ferme prise toujours dans la moyenne des exploitations du pays. — Emploi de ce capital. — Quantité et valeur des animaux de travail et des animaux de rente (chevaux, bœufs, vaches, moutons et porcs). — Nature et valeur du matériel agricole et des semences. — Fonds de roulement pour les dépenses journalières. — Les propriétaires exploitants et les fermiers possèdent-ils généralement les sommes nécessaires pour constituer le capital d'exploitation? — En cas de négative, de quelles sommes disposent-ils, pour la plupart, et comment se procurent-ils les capitaux dont ils peuvent avoir besoin? — A quel taux? — Pour quelle durée? — A quelles conditions? — Existe-t-il des institutions de crédit spéciales pour les agriculteurs? Ou ces derniers trouvent-ils les fonds dont ils peuvent avoir besoin dans les établissements financiers ouverts à tous? — Indiquer, pour ces institutions spéciales ou générales, les modes suivant lesquels s'opèrent les prêts, les remboursements, ainsi que les poursuites en cas de non-payement, et les frais de ces poursuites.

Étant donnée une ferme d'étendue moyenne de 150 à 200 acres, dans des conditions ordinaires, c'est-à-dire une ferme principalement consacrée à la production des céréales avec les services accessoires (jardinage, fruits, animaux, laitage, etc.), simplement pour l'usage de la maison, l'état suivant représente une moyenne normale :

1° Animaux de travail.	Une paire de chevaux......................	150 dollars.
	Une paire de bœufs......................	100
2° Animaux de rente.	Deux vaches de bonne race (généralement une Durham ou Ayrshire) pour le lait et le fromage; une Jersey ou Devonshire pour le beurre..............................	150
	Un porc et une truie......................	15
	Volaille..............................	30
Total......................		445

Nota. — Dans une ferme de 200 acres, l'élevage et la laiterie vont de pair avec la culture ; on considère 20 vaches, 20 bœufs et 20 porcs comme une bonne moyenne de roulement. Le cheptel ainsi composé avec des animaux de choix, sans compter les moutons, qui forment une assez rare spécialité, représente un capital de 2,000 à 2,500 dollars.

3° Matériel agricole......
- Harnais et voitures................ 100 dollars.
- Charrues, herses, outils, instruments et ustensiles divers............... 125
- Instruments perfectionnés........... 75

Total............................... 300

4° Semences pour 80 acres, à 1 dollar par acre en moyenne........ 80 dollars.

5° Fonds de roulement...
- Gages d'un homme à l'année à 15 dollars par mois (nourri et logé)......... 180 dollars.
- Gages d'un homme extra pour 6 mois.. 90
- Gages d'une fille de ferme.......... 100
- Nourriture du personnel à 7 doll. 50 c. par mois et par tête.............. 225
- Entretien des bâtiments et du matériel.. 50
- Entretien de la famille (*mémoire*).

Total............................... 645

RÉCAPITULATION.

Animaux..
- de travail et d'usage intérieur.................. 445 dollars.
- d'élevage et de produits : 2,000 à 2,500 (*mémoire*)...

Matériel agricole.................................... 300
Semences 80
Fonds de roulement................................. 645

Total du capital d'exploitation pour une ferme de 150 à 200 acres dans les conditions ordinaires....... 1,470

Les propriétés rurales appartiennent, en général, à ceux qui les exploitent. Les fermes à loyer sont la très rare exception, et cela se conçoit, la propriété s'acquérant à un prix à peu près nominal, et la valeur de la terre n'entrant, en général, que comme élément insignifiant dans l'industrie agricole. En fait, le propriétaire est d'ordinaire celui du sol et du capital. Ce n'est guère que par suite de mauvaise exploitation, de fausses spéculations, d'expériences hasardeuses, d'achats inconsidérés, etc., que le fermier est placé dans la nécessité d'emprunter de l'argent. Dans ce cas, il a recours à l'hypothèque au cours légal de 6 à 7 p. o/o, suivant les États. Le terme le plus ordinaire est de cinq ans. Dans ces limites, il est permis d'emprunter, et il est possible qu'un fermier habile, actif et judicieux dans ses opérations réussisse à réparer la brèche. Malheureusement, l'usure se mêle souvent de ces transactions; les commissions et les bonifications de la main à la main élèvent d'ordinaire l'intérêt à 10 ou 12 p. o/o, et dans ce cas il arrive le plus souvent que le fermier, une fois pris dans l'engrenage, est fatalement entraîné à la ruine.

Il n'existe pas, à proprement parler, d'institutions de crédit spéciales pour les agriculteurs. Ils trouvent généralement auprès des banques locales, suivant leur position, les mêmes facilités que tout le monde. Cependant, dans les régions où l'agriculture est un des facteurs considérables du mouvement des affaires, et où, par conséquent, les établissements de crédit ont des rapports suivis avec des fermiers, ceux-ci obtiennent facilement, en général, les avances qui leur sont nécessaires pour faire face aux travaux extraordinaires de l'ensemencement ou de la moisson, en hypothéquant simplement leurs récoltes sur pied.

Dans ce cas, la garantie ne s'étend pas au delà, et le prêteur n'a aucun recours privilégié sur la propriété foncière. Les fermiers usent assez largement de ce genre d'emprunt, qui les met à l'aise dans les moments de besoin, sans les engager au-delà de leurs revenus et sans les mettre à la merci d'un créancier qui pourrait spéculer sur les difficultés où il se trouve et les aggraver pour les faire tourner à son profit.

VII.

Régime des eaux. — Travaux exécutés pour capter les eaux et en faciliter l'emploi pour l'alimentation des hommes; — pour celle des animaux et pour les irrigations. — Législation. — Assainissement. — Procédés et dépenses.

La multiplicité des cours d'eau, grands et petits, placides ou torrentiels, qui sillonnent les États-Unis dans tous les sens donne à ce pays privilégié des facilités extraordinaires pour le service des habitations, pour les besoins de l'industrie et pour ceux de l'agriculture. Quelques régions seulement, principalement à l'ouest du Mississipi, sont arides et dépourvues d'eau à ce point que les habitants, les colons, les fermiers, sont réduits à s'approvisionner par des moyens artificiels, par des puits ou des citernes, même pour l'abreuvage des bestiaux. Mais ce sont de rares exceptions, et le pays en général est particulièrement favorisé sous ce rapport. Cependant il existe dans toutes les villes, même d'importance secondaire, des travaux hydrauliques quelquefois très considérables pour fournir des eaux saines et abondantes et en faciliter la distribution. C'est là une des grandes préoccupations des administrations municipales, et c'est sur cet objet capital, également essentiel pour le confort des habitants et pour la salubrité publique, que porte l'impôt le plus lourd et le plus facilement accepté par les contribuables. Une étude détaillée sur ce sujet serait des plus intéressantes et des plus instructives; mais elle serait hors de place dans ce travail, qui vise principalement les intérêts de l'agriculture.

LÉGISLATION.

Il existe sur le régime des eaux des lois fédérales faisant partie des Statuts revisés (*revised statutes*) des États-Unis et des lois locales particulières à chaque

État. Les unes et les autres procèdent d'un principe unique qui peut se formuler ainsi : «Les propriétaires de terres ont le droit d'établir des appareils de drainage, de creuser des fossés, d'élever des digues pour les besoins de l'agriculture, de l'assainissement ou des mines, à travers les propriétés d'autrui, à la condition d'indemniser les ayants droit des dommages temporaires ou permanents qui leur seraient causés par ces travaux. Les autorités locales ont pareillement pouvoir d'exécuter des travaux analogues d'intérêt public à la même condition d'indemnité, auquel cas une taxe spéciale est imposée pour couvrir les dépenses principales ou accessoires aux propriétaires à qui profitent ces améliorations. »

En dehors de ces grandes lignes, chaque État a ses lois spéciales qui ne diffèrent guère qu'en ce qu'elles sont plus ou moins complètes suivant le degré de développement et les besoins locaux. Voici, comme exemple et comme type, quelques dispositions empruntées à la loi du Massachusetts [1] :

«Si un cours d'eau traverse une ferme, le propriétaire de cette ferme a le droit d'en employer une quantité raisonnable pour abreuver ses bestiaux, irriguer ses terres ou pourvoir aux besoins domestiques de sa maison. Mais il ne doit pas monopoliser le tout : les bestiaux du voisinage ont également le droit d'être abreuvés. Il peut, dans une certaine mesure, changer la direction du courant dans sa propre terre, pourvu qu'il le ramène dans son propre lit naturel avant qu'il n'atteigne la terre au-dessous de lui. Il n'a pas le droit de le conduire sur la propriété de son voisin, sans le consentement de celui-ci, à une place différente de celle par laquelle il entrait auparavant. Il peut construire des viviers ou endiguer le cours d'eau pour un usage quelconque, pourvu qu'il ne le fasse pas refluer sur la propriété au-dessus de lui. S'il le fait, il est sujet à une action judiciaire, et finalement, s'il continue, à une injonction. Un fermier n'acquiert pas le droit d'inonder le terrain d'autrui sans son agrément, comme peut le faire un meunier, car les statuts qui confèrent ce droit moyennant une compensation convenable s'appliquent seulement aux écluses de moulin, aux barrages pour la production des *cranberries*, canneberges et autres objets de ce genre. Et si votre voisin d'aval barre le cours d'eau de manière à le faire refluer sur vous, vous pouvez entrer dans sa propriété et enlever assez de son barrage pour débarrasser votre terre du trop-plein. De même, si un cours d'eau naturel est obstrué par des feuilles, des morceaux de bois, des débris, etc., vous avez le droit d'entrer dans le terrain, de dégager les obstructions et d'en déposer les matériaux sur les bords, en sorte que l'eau s'écoule librement. La même règle s'applique aux cours d'eau artificiels ou aux fossés, si toutefois vous avez acquis le droit de passage pour de tels cours d'eau ou fossés à travers la propriété voisine. Mais vous n'avez réellement ce droit que si vous ou votre prédécesseur l'avez acheté ou si vous avez joui de ce privilège assez longtemps et dans des circonstances convenables pour que le droit

____

[1] *Report of the Secretary of the Massachusetts Board of agriculture*, 1878-1879.

de prescription vous soit acquis, ou enfin que le passage d'eau ait été ouvert
par des commissaires nommés par le tribunal compétent en vertu des statuts
généraux (ch. CXLVIII).

« Les droits et obligations des fermiers au sujet des *eaux superficielles* sont
différents de ceux concernant les eaux courantes. Par *eaux superficielles* on
entend non seulement celles qui proviennent des pluies et de la fonte des
neiges, mais encore celles qui sourdent du sol, des sources ou des terrains
marécageux et qui se répandent à la surface, mais ne sont pas réunies en
un chenal permanent à la manière d'un ruisseau. Quand elles ont pris la
forme d'un courant avec un lit et des rives, elles perdent le caractère d'eaux
superficielles et deviennent sujettes à des règles diverses; mais tant qu'elles le
couvrent, le propriétaire du terrain a le droit de les retenir et de les employer
en entier sur sa propriété pour son propre usage, sans être forcé d'en laisser
couler une partie sur la terre au-dessous, à moins que cela ne lui convienne.
D'un autre côté, il peut déverser le tout sur la propriété au-dessous de la
sienne, prairie ou champ cultivé, même s'il en doit résulter un dommage réel
pour son voisin. Si celui-ci veut l'empêcher, il peut protéger sa propriété de
ce côté par un barrage arrêtant l'écoulement, et il a parfaitement le droit de
le faire, même s'il en résulte quelque inconvénient en amont.

« Quant aux eaux souterraines, elles ne sont sujettes à aucun droit de propriété légale, et conséquemment, si le puits de votre voisin est alimenté par
des sources ou par des filets d'eau venant de votre propriété, vous pouvez
creuser dans votre fonds aussi profondément que vous voulez, même près de
la ligne de mitoyenneté; et si par hasard vous coupez le passage à son
approvisionnement, il doit supporter cet inconvénient. Mais vous devez avoir
soin, en creusant, de ne pas faire écrouler sa terre dans votre terrassement,
car alors vous seriez responsable des dommages . . . . . »

Il va sans dire que ce simple extrait n'a pour but que de donner une idée
de l'esprit dans lequel sont conçues les lois concernant le régime des eaux servant à l'agriculture en général. Comme il a été dit, chaque État a ses statuts
particuliers, et il serait aussi inutile qu'impossible de passer une revue détaillée.

ASSAINISSEMENT.

Les travaux d'assainissement proprement dits sont très arriérés aux États-
Unis. Il existe pourtant, jusqu'aux abords immédiats et même parfois dans
l'intérieur des grandes villes, comme à New-York par exemple, des masses
considérables d'eaux stagnantes, des terrains humides et miasmatiques qui en-
gendrent des maladies souvent pernicieuses. Les autorités et les particuliers
sont en général très apathiques à ce sujet. Des leçons terribles ne suffisent
même pas toujours pour secouer cette torpeur. Ainsi, la fièvre jaune, qui a fait
de la ville de Memphis (Tennessee) une véritable nécropole en 1878, a retrouvé en 1879 la même incurie, les mêmes cloaques d'eaux putrides, les

mêmes amoncellements de détritus, la même saleté chronique dans les habitations entretenue comme à plaisir par les autorités et par les particuliers. Aussi l'épidémie a-t-elle reparu l'année dernière non moins pernicieuse et non moins implacable, et si elle a fait moins de victimes, c'est que la population s'est enfuie à la première apparition, au lieu d'attendre, comme l'année précédente, qu'elle eût ravagé plusieurs quartiers et empesté les autres. A la Nouvelle-Orléans, au contraire, les habitants et les autorités ont mis l'interrègne du fléau à profit pour travailler énergiquement tout l'hiver à assainir la ville, et elle a été complètement préservée la saison dernière.

Dans les campagnes, il n'y a guère de travaux d'assainissement que ceux rigoureusement indispensables pour détourner les eaux des cultures ou du voisinage le plus immédiat des habitations. On ne s'occupe d'écoulement, de drainage, de desséchement, que dans les endroits que l'on veut mettre immédiatement en exploitation, et encore les procédés employés sont-ils en général très incomplets et très imparfaits. Il est vrai que les espaces sont assez vastes pour que les populations puissent se tenir à l'écart des lieux malsains; mais, là même où elles sont attachées par leurs convenances ou leurs intérêts, il règne à ce sujet une négligence extrême. Le drainage des champs et plantations obtient seul quelque attention, et, dans certaines régions, on commence à s'occuper du desséchement des marais.

Le drainage des champs et des plantations, comme il vient d'être dit, obtient seul quelque attention; mais encore cette pratique est-elle extrêmement limitée et a-t-elle besoin d'être incessamment stimulée par les efforts des autorités, des institutions ou de la presse agricoles. On pourrait citer à l'infini les appels et les exhortations adressés dans ce but aux cultivateurs de toutes les régions. Un ou deux exemples pris au hasard suffiront. On lit ce qui suit dans la circulaire n° 43 du Département de l'agriculture de l'Illinois :

«Springfield, 8 juin 1878.

«Il n'y a pas de sujet de plus d'importance pour la très grande majorité des fermiers de l'Illinois que celui du drainage. Les trois ou quatre dernières années ont été excessivement humides pendant la saison des semailles et pendant la maturation des moissons; il en est résulté des retards, des pertes partielles et parfois la perte totale des récoltes. Quelques fermiers entreprenants ont été induits à s'occuper du drainage de leurs propriétés, mais dans une si minime proportion que ce qui est fait indique simplement ce qu'il y a à faire.»

Dans un rapport présenté il y a une trentaine d'années à la *State agricultural Society* de New-York par un comité spécialement chargé d'étudier les questions de drainage, je trouve le paragraphe suivant :

«Il n'y a pas une ferme sur soixante-quinze, dans cet État, qui n'ait besoin d'être drainée, fortement drainée pour être mise en condition de haute culture. Bien plus, nous ne craignons pas de dire qu'il n'y existe pas un champ de blé qui ne produisît une plus abondante et plus belle récolte s'il était soumis à un drainage convenable.

«Pas un agriculteur familier avec la topographie, le sol et le présent état de la culture dans l'Illinois n'hésitera à reconnaître que ce qui était vrai à New-York il y a trente ans est pareillement vrai aujourd'hui dans le premier de ces États. La grande nécessité pour nous est un système complet de drainage du sous-sol, non seulement dans les bas-fonds et les terres marécageuses qui occupent une si grande partie de notre territoire, mais encore sur les plateaux élevés qui forment la grande surface agricole de l'État. Il n'y a, pour ainsi dire, pas une de ces terres dont la puissance de production ne puisse être considérablement accrue par un judicieux système de drainage.»

Suit, dans la même circulaire, un traité de drainage au moyen de conduits de poterie, qui sont considérés comme ayant une très grande supériorité sur tous les autres modes. Le prix en est évalué en moyenne à 30 cents par *rod* (15 pieds courants), mis en place.

Enfin, la même circulaire contient un état, par comtés, des terres humides absolument impropres à la culture dans les conditions actuelles, avec leur valeur nominale et celle qu'elles acquerraient par le drainage.

Sur 34,275,257 acres que contient l'État, 1,813,096 sont classés sous le titre de *terres humides*, avec une valeur nominale de 12,869,286 dollars, et leur valeur réelle, après le drainage, serait de 52,958,607 dollars, soit une plus-value de 40,089,321 dollars pour l'État, sans parler, bien entendu, des terres en culture et dont l'amélioration par un traitement convenable ne saurait être estimée.

Un rapport de M. J.-W. Wood de Baraboo, dans le Wisconsin, à la convention agricole et horticole tenue à Madison les 4, 5, 6 et 7 février 1879, renferme ce qui suit :

«La partie du pays où j'habite est très accidentée, ce qui permet un bon drainage de surface. Les collines de Baraboo, qui donnent plus qu'aucune autre région de l'Illinois l'idée d'une chaîne de montagnes, traversent ma localité de l'Est à l'Ouest, et cependant on trouverait à peine dans le comté une ferme d'une étendue quelconque qui n'eût pas besoin de drainage et où il ne fût absolument nécessaire pour utiliser des portions de terre actuellement sans valeur, mais qui pourraient donner d'excellents produits si elles étaient mises en bonne condition.»

Vient à la suite une longue démonstration de l'utilité du drainage, accompagnée d'une description des meilleurs procédés, parmi lesquels les conduits de poterie sont mis au premier rang, particulièrement pour la durée. Le prix de revient de ce procédé est évalué de 30 à 60 dollars par acre, suivant la profondeur où il doit être appliqué et suivant la nature du sol.

Reste, en matière d'assainissement, le desséchement des marais, dont on commence à s'occuper sérieusement et avec quelque suite dans certaines régions où la population est compacte, où la terre, par conséquent, a une valeur plus considérable que dans les lieux éloignés du centre et dont le sol submergé est tout particulièrement propre, après le desséchement, soit à la grande, soit à la petite culture.

Le *Massachusetts* a pris l'initiative de ce mouvement et en a tiré des résultats très satisfaisants.

L'exemple donné il y a quelques années par M. Thomas-B. William, le plus grand propriétaire de marais de l'État, le long du cours inférieur et jusqu'à l'embouchure de la Green-Harbor-River, dans le comté de Plymouth, a été suivi par de très nombreux propriétaires, et les terres, naguère limoneuses, actuellement en culture, comprennent des milliers d'acres d'une fertilité tout à fait exceptionnelle. Le procédé est très simple et, en somme, fort peu coûteux, si on considère l'importance des résultats.

Il consiste à creuser des tranchées larges et profondes et à rejeter les terres à la surface, dont elles surélèvent ainsi le niveau. Ces terres, séparées par des canaux, qui dans certains cas, sur de grands espaces, peuvent être utilisés comme voies de transport, sont généralement d'une extrême fécondité et n'ont pas besoin d'engrais pendant plusieurs années. Là où les eaux sont salées, aux abords de la mer, comme à l'embouchure de la Green-Harbor-River, dans le Massachusetts, il faut d'ordinaire un an ou deux avant que les terres amenées à la surface soient entièrement débarrassées par les pluies et les influences atmosphériques des éléments salins dont elles sont imprégnées; l'action de ces agents est accélérée par de fréquents labours et des hersages répétés, et finalement le sol ainsi préparé se prête admirablement à toute espèce de culture. On y obtient jusqu'à 3 tonnes 1/2 et 4 tonnes d'excellent foin par acre, soit, à raison de 20 dollars la tonne, de 70 à 80 dollars par acre. Le seigle, l'orge, l'avoine, le blé, les cultures maraîchères, y réussissent à souhait. Le seigle à maturité atteint 5 à 6 pieds de hauteur, avec des épis bien pleins de 6 à 7 pouces de long; l'avoine, de 3 pieds à 3 pieds 1/2; le tout des meilleures qualités. On y a vendu (année courante) le premier de ces produits à raison de 80 cents le bushel, l'avoine 50 cents, la paille de seigle à 20 dollars la tonne.

En résumé, les rapports successifs du *Board of Agriculture* de l'État depuis 1874 rendent le plus favorable compte de ce développement de l'industrie agricole et en encouragent énergiquement la propagation comme particulièrement propre à l'assainissement d'un grand nombre de localités dont les émanations produisent des infections et des fièvres dangereuses, et en même temps à la création de nouvelles exploitations exceptionnellement rémunératrices.

VIII.

Main-d'œuvre et salaires. — Situation de l'agriculture locale à ce point de vue. — Gens à gage
payés à l'année, ou à la journée, ou à la tâche, et pour des travaux spéciaux, tels que ceux de
la moisson ou de la vendange. — Gages ou salaires donnés à ces différents agents. — Conditions des engagements. — Valeur ou dépenses de nourriture d'un ouvrier dans les fermes. —
Conditions générales d'existence des familles agricoles américaines.

La réponse à cette question se trouve en grande partie dans la note suivante, extraite de la circulaire n° 53 du Département de l'agriculture de
l'État de l'Illinois, publiée le 12 juin 1879 :

« La dépression de toutes les branches de commerce pendant les dernières
années a augmenté de beaucoup le nombre des hommes sans emploi dans les
villes et dans les campagnes. La grande majorité des gens en quête de travail
sont de bons ouvriers, soucieux des intérêts des patrons. Le bas prix des produits ruraux a nécessité la pratique de la plus grande économie dans les dépenses des fermes et les petits fermiers s'efforcent de faire leur travail par eux-
mêmes en se passant, autant que possible, des bras supplémentaires qu'ils
avaient l'habitude d'employer. Cette pratique économique, largement répandue,
a rendu très difficile, pour les meilleurs travailleurs, de trouver de l'ouvrage
même à prix réduits. Il est beaucoup plus aisé qu'autrefois de se procurer des
ouvriers de ferme actifs, stables, expérimentés, et les relations entre patrons
et employés sont beaucoup plus satisfaisantes que lorsque les fermiers avaient
plus à compter avec une classe nombreuse d'hommes infestée de la manie du
changement, qui consentaient à rendre de médiocres services pendant quelques jours pour se procurer quelques repas et quelques ressources afin de pouvoir reprendre leur vie de migration et d'oisiveté.

« Le taux des salaires varie, suivant les services rendus, de 15 à 20 dollars
par mois, avec la nourriture et le logement, et de 20 à 25 dollars pour les
hommes qui vivent chez eux. Très peu de fermiers emploient des hommes à
la journée, si ce n'est dans les saisons de presse ou pour des travaux extraordinaires. Dans ce cas les hommes sont payés 75 cents à 1 dollar par jour,
plus la nourriture, ou 1 dollar à 1 dollar 25 cents sans nourriture.

« Ces règles se retrouvent à peu près partout. Cependant, dans les temps de
gros ouvrages et particulièrement à l'époque de la fauchaison, le salaire des
hommes à la journée est généralement plus élevé que le taux indiqué plus
haut; il n'est guère au-dessous de 1 dollar 50 cents et s'élève souvent jusqu'à
2 dollars et même 2 dollars 50 cents par jour, nourriture comprise. »

Ces observations et ces chiffres sont de tout point confirmés par le rapport
du Département de l'agriculture pour 1878-1879, qui, dans des relevés longuement détaillés, passe en revue la condition des ouvriers de ferme dans tous
les États de l'Union.

Indépendamment de la question des salaires, qui est naturellement soumise
aux règles ordinaires de l'offre et de la demande, il existe dans chaque État

des lois locales ou des coutumes ayant force de loi qui réglementent dans une certaine mesure et pour certains cas les rapports entre patrons et ouvriers, les conditions et les limites des engagements mutuels. Ces lois et ces coutumes sont fondées sur l'équité et sont à peu près partout les mêmes dans les mêmes circonstances. En voici, par aperçu, un exemple emprunté à la jurisprudence de l'État de Massachusetts[1].

Un ouvrier engagé pour une année qui quitte le travail, même le onzième mois, sans justification suffisante, n'a droit à aucun salaire pour le temps écoulé, qu'il ait été engagé pour une somme fixe convenue, soit 240 dollars pour l'année, ou à un taux mensuel, comme 20 dollars par mois. L'ouvrier peut même éventuellement, outre la perte de ses gages ou de la partie qui n'a pas été payée antérieurement, être tenu vis-à-vis du fermier à une indemnité pour le dommage causé par l'abandon du travail à une époque critique. Ainsi, s'il est engagé à 20 dollars par mois et qu'il aille faire la fenaison dans une autre ferme pour 40 dollars, le fermier qu'il a quitté a le droit de réclamer les 20 dollars supplémentaires qu'il sera obligé de payer lui-même à un autre homme pour faire le même travail.

Il va sans dire que l'application de ces règles est soumise à une juste appréciation des circonstances et que les deux parties ont également le droit d'être entendues.

D'un autre côté, si l'ouvrier a de bonnes raisons pour quitter, il peut le faire et obliger le patron à lui payer le temps pendant lequel il a travaillé.

Parmi les justifications généralement admises sont l'état de santé de l'ouvrier ou l'existence d'une maladie contagieuse d'un caractère dangereux dans la famille ou dans le voisinage, également la mauvaise qualité ou l'insuffisance de la nourriture, les mauvais traitements par actes ou paroles, etc.

Un trait caractéristique qui peint bien les mœurs du pays est celui-ci :

Un fermier commande à un garçon de ferme d'abreuver et de faire manger les bestiaux un dimanche matin. L'homme refuse par raison de conscience. Le fermier lui dit d'*aller au diable* s'il le faut, mais de commencer par faire son ouvrage. Au lieu d'obéir, l'homme va trouver un avoué et réclame en justice le payement du temps qu'il a travaillé, en se fondant sur ce qu'il ne peut rester avec un patron qui a doublement outragé sa religion, d'abord en lui ordonnant un travail profane le dimanche, ensuite en lui adressant des paroles blasphématoires. Le tribunal le déboute de sa demande par la raison que, si le patron lui avait commandé un travail non absolument nécessaire le jour du repos consacré, ce serait probablement un motif suffisant pour le quitter, mais qu'un travail indispensable comme celui de nourrir des animaux vivants peut indubitablement être exigible le dimanche.

En somme, il peut s'élever nombre de cas où le droit respectif des parties est douteux ; mais alors un jury décide et son jugement est sans appel.

---

[1] *Agriculture of Massachusetts*, by C.-L. Flint (1878-1879, p. 154).

Inutile de dire que les cas de recours aux tribunaux dans des contestations de ce genre sont extrêmement rares, les deux parties ayant généralement plus d'intérêt à s'arranger à l'amiable. Il est nécessaire cependant de mentionner au moins quelques-unes des dispositions qui régissent la matière, afin de donner une idée de l'esprit de la législation.

On a vu par ce qui précède que le taux moyen des salaires est de 20 à 15 dollars par mois avec la pension et de 20 à 25 dollars sans la pension. La différence représente la valeur ou la dépense de nourriture d'un ouvrier dans les fermes. En effet, cette dépense est évaluée, en moyenne, de 7 dollars 50 cents à 10 dollars par mois et par tête.

A la dernière question, « Conditions générales des familles agricoles américaines, » il est assez difficile de répondre. Cependant on peut dire qu'à une honnête frugalité les fermiers, même dans une situation très modeste, joignent un confort et un luxe relatifs que l'on trouve seulement, en Europe, dans une situation plus élevée. Il s'agit ici, bien entendu, du fermier régulièrement établi et non du pionnier dans les régions nouvelles.

Les maisons ont, d'ordinaire, cette forme de *cottage* qui s'harmonise si bien avec le paysage; elles sont généralement propres d'aspect, souvent élégantes et assez séparées des bâtiments d'exploitation pour ne pas être incommodées par le contact immédiat. L'intérieur est bien tenu et décemment meublé. Il y a habituellement une pièce (*parlor*) qui sert de salon pour les réunions de la famille et la réception des étrangers. Cette pièce a toujours un tapis et très souvent un piano, surtout s'il y a une fille dans la maison. Une Bible plus ou moins richement reliée tient la place d'honneur sur une table ou sur une console, et çà et là, sur les meubles ou sur quelques rayons, des *Magazines*, des publications illustrées, le journal local et les derniers documents émanés du *Board of agriculture* de l'État ou des sociétés agricoles des environs. Ce décorum dans la famille est un des traits de la vie rurale en Amérique; il est même parfois poussé à l'excès. Le fermier le plus rustique tient à ce que sa maison ressemble à celle non d'un homme riche mais d'un *gentleman*. Il honore la profession qui lui donne l'indépendance et s'en tient pour honoré : « Le fermage, dit l'honorable A. Bayce devant une commission agricole et horticole du Wisconsin [1], est une affaire dans laquelle on n'accumule des richesses ni facilement ni rapidement. Le fermier ne peut pas compter ses bénéfices par millions de dollars, comme le marchand, le manufacturier ou le banquier; ses épargnes sont lentes, mais sûres. Les paniques et les crises commerciales l'affectent moins. Il possède la terre qu'il cultive, et c'est à ses yeux le plus solide et le plus sûr placement. Son occupation est la plus honorable, certainement la plus utile. On peut, à la rigueur, se passer de marchands, de manufacturiers, d'avocats ou de docteurs, mais on ne peut se passer de cultivateurs. Sa profession étant respectable, il est tenu de respecter sa profession.

[1] *Transactions of the State Agricultural Society of Wisconsin*, 1878-1879, p. 242 et 243.

« Il y a ici, dans cet État, beaucoup de fermes bien tenues et bien conduites qui respirent le bien-être et dont l'aspect seul prouve que leurs propriétaires ont trouvé l'aisance dans un travail bien dirigé. Ils s'entourent de ce qui peut faire du foyer domestique le lieu le plus cher de la terre. Si leurs enfants s'éloignent pour courir le monde, ils quittent la maison paternelle à regret, et quand ils y reviennent, c'est toujours avec un sentiment de bonheur et de gratitude. »

Ce tableau, peut-être, certainement même un peu enjolivé, est vrai cependant dans le fond; il représente assez exactement le côté moral de la population rurale d'ordre moyen en Amérique.

IX.

Viabilité. — État des voies d'exploitation et de celles de communication entre les fermes
et les marchés ou les ports ou villes d'embarquement des denrées exportées.

On a vu ailleurs que les États-Unis sont dotés d'un immense réseau de chemins de fer, ne mesurant pas moins de 81,955 milles de longueur. Les voies fluviales et les canaux complètent un système de communication qui est un des agents les plus puissants de la richesse des États-Unis. Avant l'établissement des chemins de fer, deux grandes artères principales, le Mississipi et le canal de l'Érié avec ses auxilaires avaient presque le privilège exclusif de transporter les marchandises du nord au sud, de l'ouest à l'est, et réciproquement. Les canaux de l'État de New-York ont eu une influence capitale sur le développement du *Grand-Ouest*. C'était la seule voie du commerce entre le cœur du pays et les ports de l'Océan; de là est venue en grande partie la situation qu'a prise la ville de New-York comme métropole commerciale et financière du continent, situation qu'elle conserve encore, malgré les efforts faits par d'autres grands centres d'affaires, comme Boston, Philadelphie et Baltimore, pour la lui disputer. Les canaux sont encore aujourd'hui une importante avenue commerciale; mais ils n'ont plus qu'une part réduite du trafic, qui trouve d'autres facilités pour le transit à travers l'État. Cette part réduite n'en est pas moins encore très considérable. Le trafic qui vient aboutir à New-York embrasse la presque totalité des échanges entre le Grand-Ouest et le littoral maritime, le tonnage presque entier des produits agricoles venant des champs de l'Ouest aux ports atlantiques et, en sens inverse, les marchandises de toute espèce transportées des ports et des manufactures de l'Est à la porte des millions de consommateurs qui peuplent l'Ohio, le Michigan, l'Illinois, l'Indiana, l'Iowa, le Wisconsin, le Minnesota et les autres grands États agricoles de l'Ouest. En 1878, dans un mouvement de 19,496,763 tonnes de fret entre New-York et l'Ouest, par les trois voies principales : le canal de l'Érié, le New-York central et l'Érié Railroad, le canal est entré pour 5,170,822 tonnes, le New-York central pour 8,175,535 et l'Érié pour 6,150,406.

Aux États-Unis, ce ne sont pas, en général, les chemins de fer qui ont été chercher les centres de population, mais les centres de population qui se sont groupés autour des chemins de fer; en sorte qu'il n'est guère de ville, de bourgade ou de hameau qui ne soit à proximité d'une ligne de grande communication, et que les routes ordinaires ne sont que des accessoires dont la fonction se borne à relier entre eux les villages et les fermes ou à les rattacher, soit aux stations de chemins de fer, soit aux embarcadères des rivières et des canaux. Malheureusement, toutes ces lignes d'eau ou de terre ferme n'ont pas été, comme on l'a déjà dit, combinées suivant un plan voulu et systématique; les hasards de la spéculation y ont plus fait que les considérations topographiques ou économiques, en sorte qu'il y a à la fois de nombreuses lacunes et de non moins nombreuses superfétations. Quoi qu'il en soit, si la spéculation ne se règle pas toujours sur les besoins, les besoins sont naturellement portés à s'accommoder de la spéculation et les exploitations rurales se règlent sur les moyens de transport là où elles les trouvent. Aussi peut-on dire qu'il n'est point de ferme qui ne soit, en fait, à proximité des marchés de consommation ou de transit. Tous les États agricoles sont sillonnés de chemins de fer ou de cours d'eau navigables, et «il y a, en réalité, peu de localités d'où une charrette chargée ne puisse atteindre la station ou l'embarcadère et revenir à la ferme le même jour. En général, la distance moyenne de la ferme à la station est de 6 milles, et la plus grande distance de 12 milles[1].»

En dehors des grandes lignes qui suppriment en quelque sorte les distances sur le vaste continent américain, il existe un système de viabilité locale généralement bien conçu et régi par des lois et coutumes qui, d'un côté, en assurent l'entretien, et, de l'autre, en réglementent l'usage dans les meilleures conditions de profit et d'équité. Les routes et chemins sont de diverses classes. Il existe beaucoup de routes et de ports appartenant à des compagnies particulières, qui les exploitent au moyen de péages quelquefois très élevés. Mais en général les routes publiques sont construites et entretenues soit par l'État, soit par le comté, soit par les communes, qui s'imposent en conséquence.

Pour les chemins communaux, l'impôt en argent est quelquefois remplacé par la contribution en nature, l'habitant étant taxé à un certain nombre de journées qu'il lui est loisible de payer, en tout ou en partie, en travail manuel. Enfin il y a les voies d'exploitation privée, qui dépendent exclusivement des particuliers, pour le service intérieur de leurs propriétés aux routes publiques au moyen de passages acquis ou concédés sur les propriétés d'autrui. Les dispositions légales ou coutumières qui régissent ces servitudes obligatoires ou consenties sont à peu près les mêmes que dans tous les pays civilisés. Elles sont fondées sur le principe que le droit de propriété implique le droit d'usage de la propriété, tout en tenant compte dans une juste mesure des droits des tiers, et, par conséquent, le droit d'y entrer et d'en sortir moyennant indemnité, s'il y a lieu, pour ceux qui peuvent être lésés d'une façon quelconque par l'exercice de ce droit.

---

[1] *Manual of Georgia, by Thomas Janes, Commissioner of Agriculture.* Atlanta, 1878, p. 28 et 29.

En résumé, la viabilité est, en général, organisée matériellement et légalement pour suffire à toutes les exigences du commerce et de l'agriculture, et il
n'y a probablement pas de pays où elle soit mieux accommodée aux besoins
du public, depuis les grandes artères nationales jusqu'aux plus simples voies
de communication privées.

X.

Production. — Assolements en usage. — Procédés de culture. — Nature des terres cultivées. —
A. Produits végétaux récoltés. — Rendements moyens, par hectare, des divers produits cultivés
dans le pays (froment, maïs, avoine, orge, vignes, etc.) : 1° dans les terrains neufs; 2° dans ceux
cultivés depuis plusieurs années. — Prix moyens de ces divers produits sur place. — Quantités
annuelles exportées en Europe. — Quantités annuelles exportées dans les autres pays étrangers.
— B. Produits animaux : nature, valeur, quantité, dans une ferme d'étendue moyenne. — Alimentation et régime des animaux. — Modes d'engraissement. — Age et poids des animaux des
diverses espèces (bœufs, veaux, moutons et porcs) qui sont livrés à la consommation. — Quantités des animaux exportés annuellement en Europe. — Quantités annuelles exportées dans les
autres pays étrangers. — Mode suivi pour l'exportation lorsqu'il s'agit d'animaux entiers. —
Sont-ils expédiés vivants ou abattus? — Dans ce dernier cas, quels sont les moyens de préparation et de conservation adoptés? — Existe-t-il des établissements spéciaux pour cet objet, et,
s'il en existe, décrire leur organisation et leurs moyens d'action?

Avant d'entrer dans l'examen des nombreuses questions qui forment le sommaire de ce chapitre et l'un des éléments les plus importants de cette étude,
il n'est pas hors de propos de citer le passage suivant d'un mémoire présenté
par l'honorable T.-C. Sloan à la Convention agricole et horticole tenue à Madison (Wisconsin) du 4 au 7 février 1879 :

« L'exploitation du sol est et a toujours été, en ce pays, dans une condition
irrégulière et anormale. Ce fait est en grande partie le résultat de circonstances inséparables du développement hâtif d'une contrée nouvellement ouverte
aux travaux ruraux.

« Bien que l'agriculture soit ici, comme elle doit être partout, la base de
toutes les branches de l'activité nationale, les gens de ce pays se sont attachés surtout à surmonter les premiers obstacles que présente à l'homme la
mise en œuvre de vastes espaces de terre vierge.

« Ils se sont occupés d'abord à abattre des forêts, à briser la rude écorce
du sol neuf, à élever des bâtiments de travail, à faire des routes, à établir des
ponts et des aqueducs, à construire des écoles et des églises, à créer, en un
mot, tous les accessoires nécessaires au confort et à l'exercice intelligent de la
profession agricole. Tandis qu'ils donnaient ainsi tous leurs soins à ces accessoires, ils ont naturellement négligé l'étude des principes sur lesquels doivent
être conduits les travaux ruraux et n'ont appliqué qu'une mince partie de leur
esprit et de leur énergie au développement des meilleurs systèmes d'exploitation.

« Comme conséquence, le travail agricole a procédé sans règle méthodique
et un peu à l'aventure. Je crois pouvoir dire qu'en thèse générale, par suite
des pratiques défectueuses entrées dans les habitudes de ce pays, les terres

qui ont été en culture pendant une certaine période de temps se sont progressivement appauvries et leurs produits ont également perdu en qualité comme
en quantité. Il est parfaitement clair que si un tel régime continuait longtemps
encore, nous verrions s'accumuler les déceptions et les ruines. »

Ces observations et ces avertissements se retrouvent partout. Ils sont incessamment répétés sous des formes diverses dans la presse spéciale, dans les
rapports, dans les circulaires des sociétés agricoles, dans les discours et les
écrits des agronomes et des économistes. Dans le même écrit qui vient d'être
cité on trouve encore quelques passages intéressants sur le même sujet, par
exemple :

« Dans ce pays, si l'on peut dire que nous ayons un système de culture, ce
système est une sorte d'intermédiaire entre la grande et la petite culture. A
peu d'exceptions près, les essais de grande culture n'ont été que des expériences temporaires qui, lorsqu'elles se sont prolongées, ont abouti à des
échecs complets. Par *grande culture* j'entends celle qui produit de grands
résultats. Il y a dans ce pays nombre de fermes de 160 à 200 acres qui peuvent être appelées relativement de grandes fermes; il y en a aussi de 200 à
300 acres et même de 400 à 500 acres; mais elles sont généralement écrémées, effritées, et ne produisent guère plus que le strict nécessaire pour soutenir le propriétaire avec sa famille et payer les contributions. Il n'y a pas un
dixième du capital ou un vingtième de la main-d'œuvre qu'il faudrait pour les
rendre véritablement profitables. »

La vérité est, nonobstant l'idée généralement répandue de l'excellence des
procédés américains, qu'il y a dans ce pays une grande complexité dans les modes
de culture, et le besoin d'améliorations se révèle clairement quand on compare la
production agricole des États-Unis avec celle des diverses contrées européennes.
Au lieu de récolter de 28 à 36 boisseaux par acre, comme on pourrait le faire
ici avec de bonnes méthodes, on trouve que la production moyenne, dans une
période de huit ans, de 1870 à 1877 inclusivement, n'a été que de 12 boisseaux
par acre, et, bien que l'ensemble du blé produit depuis 1870 se soit élevé de
245,865,545 boisseaux à 395,155,375 boisseaux en 1877-1878 et même à
environ 425 millions en 1878-1879, cet accroissement est dû entièrement à
l'augmentation de la surface ensemencée; il n'y a pas eu d'augmentation dans
la quantité récoltée par acre. En 1870 18,990,591 acres ont été semés en blé
et 32,108,560 acres en 1878, donnant une moyenne de 13 boisseaux. Il est
vrai que, dans le calcul qui précède, la moyenne du rendement est considérablement réduite par l'infériorité de plusieurs États du sud où le sol et le climat
sont moins propres à la production du blé et qui y sont compris. Ainsi, dans
la supputation en question sont compris la Caroline du Nord, avec 8 boisseaux 3/10 par acre en 1877 et 6 5/10 en 1878; la Caroline du Sud, avec
9 9/10 en 1877 et seulement 5 1/2 en 1878; la Georgie, 9 1/2 en 1877 et
7 en 1878; l'Alabama, 7 en 1877 et 7 3/10 en 1878. Mais, sans tenir
compte de ces États, la moyenne est encore très basse, probablement pas au-

dessus de 13 ou 14 boisseaux par acre. La preuve que ce résultat est dû à l'insuffisance de la culture, c'est que les États de la Nouvelle-Angleterre, qui ne sont pas considérés comme très propres à la production des céréales, doivent à leur supériorité en matière d'agronomie de s'élever au-dessus de la moyenne, soit 14 boisseaux dans le Maine, jusqu'à 22 boisseaux dans le Massachusetts; tandis que ceux qui sont regardés comme les États à blé par excellence sont très peu au-dessus de la moyenne, comme l'Illinois, qui a donné 16 boisseaux 1/2 en 1877 et 13 3/5 en 1878; le Wisconsin, 15 en 1877 et 12 2/5 en 1878; le Minnesota, 18 1/2 en 1877 et tombant à 12 en 1878; l'Iowa, 14 1/2 en 1877 et 9 2/5 en 1878; le Missouri, 14 en 1877 et 11 en 1878; le Kansas, 13 1/2 en 1877 et 16 3/10 en 1878, etc. Notons encore que la Californie, qui passe avec raison pour avoir un sol et un climat particulièrement favorables à la production du blé, n'avait donné, en 1877, que 9 boisseaux 1/2 par acre et en a produit 17 en 1878-1879 [1].

Autres exemples : la récolte de l'orge aux États-Unis, dans une période de neuf ans, de 1870 à 1878 inclusivement, n'a donné que 23 boisseaux 3/5 par acre, tandis qu'en Angleterre le rendement moyen a été de 33 boisseaux, et de 41 boisseaux dans les Flandres.

De 1870 à 1878, le rendement moyen du maïs a été seulement de 26 boisseaux par acre, et même en 1877, qui fut une année d'abondance, et dans le Wisconsin, qui est spécialement un État à maïs, il n'a été que de 28 boisseaux; tandis qu'en réalité, dans une saison moyenne et sur un sol d'une qualité moyenne, une bonne culture doit produire aisément un minimum de 50 boisseaux, avec possibilité de récolte de 60 à 75 boisseaux, et peut-être davantage. Il est vrai que le rendement a été de 37 boisseaux 1/2 en 1878-1879.

L'estimation officielle du Département de l'agriculture porte à 420,122,000 boisseaux la récolte du blé en 1878-1879, mais la superficie du sol sur lequel elle a poussé avait été portée de 26,193,407 acres en 1877 à 32,108,568 acres en 1878, ce qui constitue une réduction dans le rendement moyen par acre. L'exemple de l'Iowa, l'État qui tient actuellement la première place dans la production du blé, est caractéristique. La superficie plantée en blé en 1878 a été de 3,238,400 acres contre 2,607,584 en 1877, soit 630,816 acres en plus. Cependant la production, qui avait été de 37,910,000 boisseaux en 1877-1878, est tombée à 30,440,960 en 1878, soit une diminution de 7,369,040 boisseaux de produits, contre une augmentation de 630,816 acres de superficie.

En résumé, on estime que 20 millions d'acres de terres nouvelles ont été défrichés depuis quatre ans, et il est positif que ce sont ces nouvelles terres qui ont augmenté la production générale, laquelle, sans cette adjonction opportune, aurait probablement décru par suite *des mauvaises méthodes de culture* généralement usitées dans les anciennes régions productives.

---

[1] Il y a lieu de ne pas perdre de vue que l'année rurale, en matière de céréales, s'entend du 30 juin au 30 juin, et que le chiffre 1877, par exemple, signifie 1877-1878, et ainsi de suite.

Il faut encore citer, à l'appui de cette assertion, l'extrait suivant du rapport du Commissaire de l'agriculture, joint au message du Président à l'ouverture du Congrès en 1879 :

« Le blé, qui promettait un rendement moyen si considérable en mai, a été beaucoup affecté dans les États du Nord-Ouest par la chaleur et la sécheresse en juin et en juillet. L'augmentation de superficie sur 1877, s'élevant à près de 25 p. o/o, a plus que contre-balancé la perte résultant du temps défavorable dans le Nord-Ouest. La récolte de 1878-1879 a atteint 420,122,000 boisseaux. »

Cette déception relative du Nord-Ouest sera rappelée à l'appui d'observations ultérieures.

De même la récolte du maïs s'est accrue par voie de compensation; suivant le même rapport, la production dans les grands États à maïs de la vallée de l'Ohio, le Kentucky, l'Illinois, le Missouri, dans le Kansas, etc., se chiffre par une légère diminution, tandis que dans les autres États adonnés à la même culture il y a eu une augmentation de rendement, d'où est résultée une récolte de 1,388,218,000 boisseaux, soit un excédent d'environ 40 millions de boisseaux sur 1877-1878. Cela est d'autant plus remarquable, ajoute le rapport, que c'est la quatrième d'une série non interrompue d'années d'abondance.

Il s'est aussi manifesté inopinément un autre phénomène qui mérite d'être signalé. Dans le cours des dernières années, il s'est fait un déplacement remarquable des principaux centres de production. Par suite de l'épuisement progressif des terres à céréales exploitées sans merci, sans repos, sans assolements, sans engrais, sans aucun des éléments propres à entretenir la fécondité, ce qu'on appelle le *Wheat-Belt*, c'est-à-dire la zone du blé, a marché constamment de l'Est à l'Ouest, passant successivement de l'Ohio à l'Indiana, de l'Indiana à l'Illinois, de l'Illinois à l'Iowa. Aujourd'hui le courant remonte vers le Nord-Ouest, et l'Iowa sera bientôt distancé par le Minnesota et le Dakota, sur les confins desquels se trouve la vallée de la rivière Rouge, où s'accumulent les nouvelles fermes avec une rapidité prodigieuse. Mais en même temps on constate un mouvement singulier de renaissance dans quelques-uns des anciens États à blé temporairement épuisés, dans la vallée de l'Ohio, dans les Virginies et surtout dans le vieil État du Missouri. Cette rénovation est due indubitablement à ce que des terres appauvries par une exploitation à la fois exagérée et inhabile ont recouvré leur fécondité spéciale après des années de repos ou de culture variée. La leçon pourrait être profitable, mais les populations rurales, comme toutes les populations de ce pays en général, sont imprévoyantes et portées à faire au jour le jour tout ce qu'elles font. Il faudra du temps et peut-être des enseignements sévères pour substituer les méthodes qui exigent une attention réfléchie à celles qui laissent plus de marge à l'insouciance native, cause première de l'instabilité signalée; mais il est à craindre que ce ne soit pas l'œuvre de cette génération.

Dans le moment présent, les principaux États producteurs se classent ainsi :

	BLÉ.	
	1878–1879.	1877-1878.
	acres.	acres.
Iowa	3,238,400	2,607,584
Californie	2,470,000	2,315,789
Minnesota	2,402,000	1,801,316
Illinois	2,325,000	2,000,000
Indiana	2,071,000	1,696,552
Ohio	1,840,000	1,733,333
Missouri	1,836,000	1,428,571
Wisconsin	1,706,000	1,466,667
Tennessee	1,587,000	1,356,143
Michigan	1,524,000	1,250,857
Pensylvanie	1,473,000	1,400,000
Kansas	1,059,000	1,066,667
New-York	743,600	711,111

	MAÏS.	
	1878–1879.	1877-1878.
	acres.	acres.
Illinois	8,337,000	8,965,000
Iowa	4,686,000	4,800,000
Indiana	4,215,000	3,200,000
Missouri	3,552,000	3,551,724
Ohio	3,103,000	3,079,365
Kansas	2,406,000	2,709,589
Texas	2,246,000	2,041,667
Georgie	2,218,000	2,133,333
Kentucky	2,023,000	1,963,696
Alabama	1,994,000	1,916,667
Tennessee	1,939,000	2,020,000
Caroline du Nord	1,662,000	1,628,571
Mississipi	1,498,000	1,366,667
Caroline du Sud	1,320,000	1,144,444
Nebraska	1,291,000	1,013,158
Pensylvanie	1,259,000	1,246,000

Il résulte de ce qui précède qu'il y a dès à présent aux États-Unis pour le moins autant de superficie plantée en céréales qu'il en faut et qu'il en faudra de longtemps, tant pour la consommation intérieure que pour les marchés étrangers, qui leur ont demandé cette année plus de grains qu'ils ne leur en demanderont vraisemblablement, si ce n'est à de rares intervalles, et les agriculteurs se montreraient plus judicieux en améliorant leurs cultures qu'en les étendant en surface.

«La terre de l'Iowa,» disait dernièrement le secrétaire du *Board of agriculture* de cet État, «ne produit une récolte rémunératrice qu'avec les procédés les plus perfectionnés de fertilisation, avec la plus grande habileté et la plus grande économie. Il en sera de même ici avant longtemps. Il faut absolument que nous obéissions aux leçons de la science et de l'expérience, que nous donnions plus d'attention et de place à la rotation des récoltes, à la multiplication des prairies, à la culture des fruits et des légumes, et surtout à l'emploi des engrais, soit achetés, soit fabriqués sur place, soit importés, sans quoi l'État de l'Iowa cessera bientôt d'être compté parmi les grands producteurs de blé. Le temps n'est plus déjà où un homme pouvait planter 160 acres de blé, le laisser pousser en se croisant les bras, recommencer la seconde année, puis une troisième, etc., et compter sur la récolte pour payer la terre, construire des clôtures, bâtir une maison, une grange, acheter un piano et faire les frais d'un professeur pour sa fille ! »

Maintenant, pour rentrer dans la lettre du sommaire de ce chapitre, ce qui manque particulièrement à l'agriculture américaine, c'est l'emploi des engrais et l'usage des assolements.

« La question des engrais, » dit très justement l'honorable A. Bayn [1], « domine toutes les autres ; elle réside au fond de toute prospérité rurale. Jusqu'ici elle a beaucoup moins occupé l'attention des fermiers du Wisconsin qu'elle n'aurait dû le faire, et nous voyons les conséquences de cette négligence dans le grand nombre de fermes ruinées pour avoir été en quelque sorte effritées. Ces fermes ont été soumises à des procédés d'épuisement ; on y a récolté du blé, du blé encore, du blé toujours, pendant des années, et les propriétaires disent : « Le fermage ne paye pas. » Sans doute, le fermage entendu de cette façon ne paye pas à la longue. Ils ont spolié le sol ; ils ont voulu tout avoir pour rien. La nature ne travaille pas ainsi ; elle veut qu'on lui rende l'équivalent de ce qu'on lui prend. »

L'assolement, considéré ici comme normal là où il est pratiqué, est de quatre ans. Dans ce système, le trèfle (*clover*) est la *récolte fondamentale* (*pivotal crop*), suivant l'expression d'un agronome éminent, l'honorable Georges Geddes ; c'est-à-dire que, dans chaque rotation de quatre ans, le trèfle doit revenir une fois, quel que soit l'ordre des autres récoltes successives. Le maïs ou le blé vient d'ordinaire après le trèfle, puis les autres grains, orge, seigle, avoine, etc., suivant la nature du sol et les besoins du marché. Les racines n'entrent pas habituellement dans les assolements réguliers.

L'extrait suivant du rapport du Commissaire de l'agriculture (pages 288 et 289) pour 1878-1879 résume aussi exactement que possible l'état présent de la production du blé aux États-Unis.

Ce département, depuis son organisation, en 1862, a publié seize évaluations annuelles des récoltes de blé. On doit se souvenir que les premières années de cette période ont été des années de guerre civile dans lesquelles une

_____

[1] *Transactions of the Wisconsin Agricultural Society*, 1878-1879, p. 246.

portion du territoire principalement producteur de céréales était le théâtre d'opérations hostiles; de là les produits anormalement réduits de cette période. A partir de 1866 cependant, la première année après la cessation de la guerre, il y a eu un accroissement constant de superficie plantée en blé, laquelle a plus que doublé de 1866 à 1878.

Divisant les seize années indiquées en deux périodes égales, on trouve que la superficie moyenne des deux dernières années est de 50 p. o/o plus étendue que celle des huit années précédentes.

Le rendement moyen par acre va de 10 boisseaux en 1866 à 13 boisseaux 9/10 en 1877, soit une moyenne de 12 boisseaux 2/10 par acre pendant toute la période. Il est remarquable que la moyenne des deux périodes de huit ans soit précisément la même. Ce fait montre que la production du sol a été maintenue en somme. Comme les cultures ont augmenté dans une plus grande proportion que la population, la production par tête s'est accrue. En comparant les évaluations de produits avec les évaluations de population d'Elliott, on trouve que le rendement par tête pendant les huit premières années a été au-dessous de 5 boisseaux 3/4, contre près de 7 boisseaux dans les huit dernières années. L'énorme récolte de 1878 a atteint une moyenne de 8 boisseaux 3/4.

Il est évident que la consommation du blé a augmenté parmi la population des États-Unis, mais pas à beaucoup près assez pour absorber les énormes récoltes des derniers temps. Pour se rendre compte de ce fait, il faut considérer l'immense demande de céréales qui s'est produite dernièrement dans l'Europe occidentale. Cette demande est le résultat d'une production restreinte. Non seulement des conditions défavorables ont diminué la production des récoltes de blé pendant les dernières années, mais aussi un changement s'est produit dans les conditions économiques de l'industrie. La superficie consacrée à la culture du blé dans le Royaume-Uni a décru progressivement pendant plusieurs années à raison de l'accroissement du prix de la culture, d'une part, et, de l'autre, de la concurrence d'autres pays, spécialement des États-Unis. En 1858, les îles Britanniques importaient 23,201,941 cwt [1] de blé, y compris la farine réduite à son équivalent en grain : quinze ans plus tard, l'importation avait doublé, s'élevant, en 1872, à 47,612,896 cwt; la moyenne annuelle pour cette période était de 37,876,191 cwt. Dans cette quantité, les États-Unis entraient pour 27 p. o/o; la Russie, pour 24 p. o/o; l'Allemagne, pour 17 p. o/o; la France, pour 9 p. o/o; l'Amérique britannique, pour 7 p. o/o.

Dans le cours des six années finissant avec 1878, la moyenne de l'importation s'est élevée à 57,665, 777 cwt, y compris la farine. Sur cette importation, les États-Unis ont fourni 48 p. o/o du blé et 36 p. o/o de la farine; la Russie, moins de 19 p. o/o de grain et une proportion de farine trop minime pour être comptée; l'Allemagne, 8 p. o/o du grain et 14 p. o/o de la farine;

---

[1] *Cwt*, abréviation anglaise représentant 50 kilogrammes 8 hectogrammes.

la France, 1 2/3 p. o/o du grain et moins de 20 p. o/o de la farine ; l'Amérique britannique, près de 7 p. o/o du blé et plus de 5 p. o/o de la farine. Il faut remarquer que dans les deux dernières années l'importation de la France en blé a presque cessé et que celle de la farine est tombée à environ un tiers de la moyenne de la période. L'Inde anglaise a envoyé une large contribution en 1877, mais elle a beaucoup diminué pendant l'année dernière. Les envois de l'Australie ont été très irréguliers, tandis que la Turquie et l'Égypte, qui fournissaient autrefois des approvisionnements considérables, ont grandement décliné.

Les rapports du Royaume-Uni, de même que ceux des États-Unis, montrent que les Américains deviennent rapidement maîtres du marché et que non seulement les autres contrées de l'Europe-occidentale se retirent de la concurrence avec eux, mais encore qu'elles ouvrent leurs marchés à l'excédent de céréales des États-Unis. La production et la consommation sont réglées par des conditions grandement différentes de ce qu'elles étaient il y a six ans. Le rapide développement de la culture de l'Amérique en blé *était nécessaire pour faire face au déclin marqué de la production européenne.* La proportion des récoltes exportées des États-Unis s'accroît rapidement. Sur la récolte de 1877, plus d'un quart a été nécessaire pour répondre à la demande étrangère.

Les prix réalisés par le fermier ont varié pendant les dernières années, mais en 1878 ils se sont fixés à un point inférieur à celui d'aucune année précédente. Par suite, bien que la production de 1878 ait excédé la précédente de 56 millions de boisseaux environ, la valeur totale est tombée de plus de 68 millions de dollars. Ce phénomène cependant étant le résultat d'un abaissement général des valeurs au niveau de l'étalon métallique, on n'en saurait conclure à une perte pour les fermiers dans la proportion des chiffres. Le prix de 77 cents par boisseau en janvier 1879 et la valeur de la récolte par acre (10 dollars 16 cents) constituent une baisse sans précédent ; mais rien n'indique qu'une baisse sur la production du blé soit plus considérable que sur les produits manufacturés. Le bon marché de cette classe de produits agricoles est le résultat de leur abondance, et il permet aux Américains de transporter leur grain à travers l'Océan avec une marge suffisante pour les vendre au-dessous du prix de celui des terres coûteuses de l'Europe.

ANNÉES.	SUPERFICIE.	RENDEMENT PAR ACRE.	PRODUIT TOTAL.	PRIX PAR BOISSEAU (bushel).	VALEUR TOTALE.	VALEUR PAR ACRE.	BLÉ EXPORTÉ DU 30 JUIN PRÉCÉDENT AU 30 JUIN SUIVANT LA DATE.	PROPORTION EXPORTÉE SUR LA RÉCOLTE.
	acres.	boiss¹.	boisseaux.	dollars.	dollars.	dollars.	boisseaux.	p. o/o.
1863.............	13,098,936	13 2	173,677,928	1 40 0	197,992,837	15 12	41,468,447	23.9
1864.............	18,158,089	12 2	160,695,823	1 83 2	294,315,119	22 37	22,959,862	14.3
1865.............	12,304,894	12 1	148,552,829	1 46 3	217,330,195	17 66	16,494,353	11.1
1866.............	15,424,496	10 0	151,999,906	2 06 4	333,773.646	21 64	12,646,941	8.3
1867.............	18,321,561	11 5	212,441,400	1 98 5	421,796,460	23 02	26,323,014	12.4
1868.............	18,460,132	12 1	224,036,600	1 42 5	319,195,290	17 29	29,717,201	13.2
1869.............	19,181,304	13 5	260,146,900	0 94 1	244,924,120	12 76	53,900,780	20.7
1870.............	18,992,591	12 4	235,884,700	1 04 2	245,865,045	12 94	52,574,111	22.3
1871.............	19,943,893	11 5	230,722,400	1 25 8	290,411,820	14 50	38.995.755	16.9
1872.............	29,858,359	11 9	249,997,100	1 24 0	310,180,375	14 87	52,014,715	20.8
1873.............	22,171,676	12 7	281,254,700	1 15 0	323,594,805	14 59	91,510.398	32.6
1874.............	24,967,027	12 3	309,102,700	0 94 1	291.107,895	11 66	72,912,817	23.5
1875.............	26,381,512	11 0	292,136,000	1 00 5	294,580,990	11 16	74,750,682	25.6
1876.............	27,627.021	10 4	289,356,500	1 03 7	300,259,300	10 86	57,149,949	19.7
1877.............	26,277,546	13 9	364,194,146	1 08 2	394.695,779	15 08	92,141,626	25.3
1878.............	32,108,560	13 1	420,122,400	0 77 7	326,346,424	10 16	"	"
MOYENNES GÉNÉRALES...	20,579,831	12 2	250,270,127	1 20 3	300,398,131	14 60	"	"
MOYENNES 1863-1870..	16,117,713	12 2	195.929,511	1 45 1	284,399,089	17 64	"	"
MOYENNES 1871-1878..	25,041,949	12 2	304,610,743	1 03 9	316,897,173	12 63	"	"

A. — Produits végétaux cultivés. — Prix moyen, etc., de ces divers produits sur place. — Moyenne des huit années de 1870-1871 à 1877-1878 inclus[1].

PRODUITS.	NOMBRE DE BOISSEAUX PAR ACRE.	PRIX MOYEN par BOISSEAU.	VALEUR par ACRE.
		dollars.	dollars.
Blé.................	12 0	1 08 0	13 09
Maïs................	26 7	0 45 0	12 09
Avoine..............	27 9	0 37 5	10 46
Orge................	21 5	0 78 8	16 97
Seigle..............	14 9	0 59 2	8 87
Sarrasin............	17 1	0 76 8	13 26
Pommes de terre.....	88 7	0 58 1	52 04

[1] Compilé d'après les documents suivants : *Statistical Abstract of the United States*, by Joseph Nimmo J', *Agricultural department of the U. S.* ; — *J. K. Dodge, statistician* ; — *Martin's yearbook.*

MÊMES PRODUITS EN 1877-1878.

PRODUITS.	QUANTITÉS.	MOYENNE par ACRE.	NOMBRE D'ACRES.	VALEUR par BOISSEAU.	VALEUR GÉNÉRALE.
	boisseaux.	boisseaux.		cents.	dollars.
Blé.............	364,194,146	13 9	26,277,548	108 2	394,695,779
Maïs............	1,342,258,000	26 6	50,369,113	35 8	480,643,400
Avoine.........	406,394,000	31 6	12,826,148	29 2	118,661,550
Orge	34,441,400	21 3	1,614,654	63 9	22,028,044
Seigle..........	21,170,100	26 6	1,412,902	59 2	12,542,895
Sarrasin........	10,177,000	15 6	649,923	68 7	6,998,810
Pommes de terre...	170,092,000	94 0	1,792,287	45 1	76,249,500

MÊMES PRODUITS EN 1878-1879.

PRODUITS.	SUPERFICIE.	MOYENNE PAR ACRE.	QUANTITÉS.	MILLES CARRÉS.
	acres.	boisseaux.	boisseaux.	
Blé................	32,108,560	13 09	420,122,400	50,170
Maïs..............	51,585,000	28 91	1,388,218,750	80,601
Avoine............	13,176,500	31 39	413,578,560	20,590
Orge	1,790,400	23 60	42,245,630	2,800
Seigle............	1,622,700	16 00	25,842,790	2,535
Sarrasin..........	673,100	18 20	12,246,820	1,051
Pommes de terre......	1,776,800	70 00	124,126,650	2,776
Foin..............	26,931,300	1 tonne 47	39,608,296 tonnes.	42,080
Coton.............	12,266,800	413 balles.	5,073,021 balles.	19,166

QUANTITÉS EXPORTÉES ANNUELLEMENT DES ÉTATS-UNIS POUR LES PAYS ÉTRANGERS
DU 1ᵉʳ JANVIER AU 30 DÉCEMBRE.

ANNÉES.	BLÉ.	MAÏS.	AVOINE.	ORGE.	SEIGLE.
	boisseaux.	boisseaux.	boisseaux.	boisseaux.	boisseaux.
1873..........	56,287,483	30,586,077	926,613	450,077	1,107,486
1874..........	64,164,750	32,326,421	649,884	111,121	822,265
1875..........	51,919,999	28,959,725	396,186	209,147	160,407
1876..........	52,697,399	67,339,756	3,767,842	381,885	1,172,719
1877..........	48,626,672	72,639,176	1,648,571	3,223,907	2,455,988
1878 [1].......	125,574,557	44,043,213	2,198,843	1,170,241	3,329,629
1879 [2].......	170,234,120	43,091,678	389,886	684,191	382,639

[1] Rapport du *New-York Produce Exchange* pour 1878, p. 313.
[2] *Imports and Exports, published february 5ᵗʰ 1880.*

B. — PRODUITS ANIMAUX : NATURE, VALEUR, QUANTITÉ DANS UNE FERME D'ÉTENDUE MOYENNE, ALIMENTATION ET RÉGIME DES ANIMAUX, MODES D'ENGRAISSEMENT, ÂGE ET POIDS DES ANIMAUX DES DIVERSES ESPÈCES QUI SONT LIVRÉS À LA CONSOMMATION.

Il a déjà été donné au chapitre vi (*Capital d'exploitation*) un aperçu du stock normal en animaux de diverses natures dans une ferme d'étendue moyenne. Il n'est guère possible de préciser davantage; cependant quelques exemples empruntés à des documents officiels ou observés sur place pourront venir utilement à l'appui des premières données.

NATURE, VALEUR, QUANTITÉ.

Dans une ferme mixte de 142 acres, primée par la Société agricole de Westchester West (Massachusetts), le stock est ainsi composé: 1 paire de bœufs, 1 taureau, 23 vaches, 12 génisses, 6 veaux, 3 chevaux, 1 jument poulinière, 2 poulains et 53 pourceaux[1].

Le stock d'une autre ferme de Worcester-South, mesurant 163 acres, citée dans la collection des rapports des sociétés agricoles du Massachusetts, comprend une ferme uniquement consacrée à la laiterie et à l'élevage, contenant 100 acres en prairies naturelles ou artificielles et entretenant 32 vaches ou génisses, 1 taureau, 3 chevaux, 1 jument et 1 poulain.

Ces exemples représentent une bonne moyenne de fermes ordinaires.

Enfin on peut encore prendre pour type une ferme de 200 acres dans l'État de New-York.

La ferme en question, d'ailleurs dans des conditions moyennes, est divisée

[1] *Massachusetts Agriculture* (C.-L. Flint, 1878-1879, p. 58 *bis*).

en prairies artificielles, pâturage, terre de labour et bois. Les 5o acres de prairies artificielles fournissent 100 tonnes de foin, ce qui, avec la paille de maïs et de blé, nourrit 5o têtes de bétail au moins six mois de l'année. Les 5o acres de pâturage entretiennent les vaches et le jeune bétail pendant les six autres mois. Les 5o acres en labour, bien cultivés, fournissent le maïs, le blé, l'orge, le seigle, l'avoine, les pommes de terre et tous les légumes nécessaires à la consommation, en laissant une large marge pour le marché. Enfin, le bois, bien aménagé, donne le chauffage, les réparations aux bâtiments et aux outils et un certain nombre de cordes pour la vente.

Les bestiaux, bêtes à cornes, moutons et porcs sont de bons croisements des races les mieux appropriées au climat et au sol; 1 paire de chevaux et 1 paire de bœufs complètent le stock.

Le produit annuel des animaux se calcule comme suit :

Rendement de 20 vaches, à 75 dollars par tête................. 1,500 dollars.
10 porcs et 10 veaux pour le marché........................ 700
10 bœufs pour la boucherie............................... 5oo
Toisons et agneaux...................................... 3oo
                    Total.............................. 3,000

ALIMENTATION ET RÉGIME DES ANIMAUX, MODE D'ENGRAISSEMENT.

Il y a à distinguer entre les animaux vivant par troupes innombrables, à l'état à peu près sauvage, dans les solitudes du *Far-West*, du Sud-Ouest, dans les prairies sans bornes du Texas et du Nouveau-Mexique, et les animaux de ferme élevés méthodiquement dans des conditions voulues de développement et de produit. La différence dans l'alimentation des uns et des autres est représentée par la différence dans la valeur vénale. La valeur moyenne des bestiaux, estimée aujourd'hui par les statistiques officielles à 18 dollars 56 cents par tête, ne représente qu'un chiffre matériel, sans signification réelle. L'ordre inférieur du bétail dans les États du Sud-Ouest et du Sud, qui constitue l'immense majorité, explique cette moyenne infime pour l'ensemble du pays. Sur le total de 33,234,5oo bêtes à cornes, bœufs et vaches compris, dont se compose le stock général, M. L.-F. Allen, éditeur du *Short Horns Herdbook, livre du bétail à courtes cornes* (Durham), compte 15,000 animaux de pur sang de diverses espèces, à 3oo dollars par tête, tandis que les bœufs du Texas et du Nouveau-Mexique ne sauraient être évalués à plus de 8 à 10 dollars.

Entre ces extrêmes se placent des variétés et des degrés innombrables, différant autant par le mode de traitement que par la valeur intrinsèque.

Il n'y a donc pas à s'occuper de l'alimentation, du régime et du mode d'engraissement de cette dernière catégorie, qui est pourtant de beaucoup la plus nombreuse et qui entre pour la plus grande partie dans la consommation du pays, de même que dans l'exportation pour les qualités inférieures.

Quant au mode d'élevage dans les fermes, la note suivante, extraite du *Re-*

port of the Commissioner of Agriculture pour 1877-1878, page 345, indique le
régime alimentaire des bestiaux d'ordre supérieur, les seuls qui puissent être
exportés avec succès comme viande fraîche pour le marché européen :

« Les Anglais admettent que la plus grande partie des bestiaux importés
vivants d'Amérique sont supérieurs en qualité et en condition à ceux importés
de Hollande et d'autres parties du continent, et qu'il y a dans la viande de
bœuf une succulence, une saveur et une égale répartition du gras et du maigre
qui ne peuvent s'obtenir autrement que *par le système américain d'élevage au
pâturage*. Le fermier anglais est obligé d'avoir recours, en grande partie, pour
l'engraissage, aux racines cultivées et aux aliments préparés, largement même
aux tourteaux oléagineux.

« Dans ce pays, le « pâturage est roi », et le bétail américain n'est *forcé* au
maïs et au fourrage que comme préparation immédiate au marché. Il n'est pas
probable qu'aucun autre pays puisse rivaliser avec les pâturages à bon marché
et luxuriants des États-Unis dans une mesure suffisante pour faire échec à
notre commerce de la viande, désormais solidement établi. »

Cette médaille a cependant un revers, et ce n'est pas le seul point sur
lequel les écrits livrés au public, même de source officielle, pèchent par opti-
misme. A côté de cette glorification du pâturage, nous trouvons des doléances
sur les vices et l'insuffisance des procédés d'élevage en général. Il est très vrai
que la zone des herbages plantureux et substantiels fournit des bestiaux d'un
ordre exceptionnel particulièrement propres à l'exportation, mais cette zone
est loin des ports, et il est très difficile d'en amener les produits vivants dans
les conditions qu'il faudrait pour qu'ils conservassent leurs qualités et leur
valeur. Les bœufs abattus à New-York pour l'Europe par certains grands marchands, tels que M. Eastman, MM. Sherman et Gillett, etc., sont et doivent
être nécessairement des animaux supérieurs, et un des grands obstacles qui
empêchent cette industrie de prendre rapidement tout le développement
dont elle est susceptible, c'est l'impossibilité de se procurer des sujets de cet
ordre en quantité considérable.

Le Kansas, le Nebraska, le Colorado, fournissent une partie notable des
bœufs de première classe amenés aux ports de l'Est. Il en est même arrivé de
l'Orégon. Ces animaux sont de grande taille, robustes, riches en chair; ils ont
été conduits au Sud, au point le plus rapproché du chemin de fer Californie-
et-Orégon, et dirigés de là sur New-York. On pourrait donc exploiter fruc-
tueusement cette région malgré la distance, car les prix d'origine sont peu
élevés, et les compagnies de chemins de fer s'y prêtent de leur mieux en rédui-
sant le prix du fret aux dernières limites du possible. Mais il s'est trouvé que
les animaux en question avaient perdu, durant leur long et pénible voyage,
chacun 250 *livres de leur poids*, ce qui est exorbitant. La perte ordinaire produite par le transport du lieu d'engraissement à l'abattoir est de 100 livres
par tête, et c'est le maximum qu'il soit possible aux exportateurs de supporter.
Aussi s'efforcent-ils de persuader aux fermiers de la région moyenne et de

l'Est de s'adonner plus qu'ils ne le font à l'engraissement, leur promettant des débouchés rémunérateurs. Il y a, en effet, une industrie spéciale non à créer, mais à étendre. Déjà il existe des éleveurs qui font venir de l'Ouest des bestiaux de deux ans, ayant atteint presque sans frais leur degré normal de croissance, qu'ils achèvent de mûrir et d'engraisser par des procédés perfectionnés dans les fermes du Centre et de l'Est, d'où ils sont ensuite conduits presque sans déperdition aux établissements d'abatage et de dressage des ports d'embarquement. Quand cet usage aura gagné assez de terrain pour alimenter le marché dans de meilleures conditions qu'aujourd'hui, alors, mais seulement alors, le commerce d'exportation des viandes fraîches d'Amérique pourra faire concurrence à la production européenne.

ÂGE ET POIDS DES ANIMAUX.

L'âge et le poids des animaux livrés à la consommation sont variables suivant la nature du bétail, soit qu'il s'agisse des animaux communs du pays, des produits de croisements de différentes races ou de sujets de pur sang.

Le passage suivant du rapport du Commissaire de l'agriculture pour 1877-1878 (pages 346 et suivantes) explique clairement les différences qui résultent d'un système d'élevage plus ou moins intelligent et plus ou moins judicieux :

« Dans les États de l'Ouest, l'industrie de l'élevage prend chaque jour plus de développement. Dans l'Iowa, 81 comtés signalent, dans leurs rapports au Secrétaire de la *Société agricole de l'État*, l'existence dans leur circonscription de troupeaux grands et petits d'animaux de race, principalement de Durham (Short Horns). West-Liberty est surtout noté pour ses fermes d'élevage et ses ventes de bestiaux. Dans un rayon de quelques milles de cette place, on compte plus de 600 têtes de Durham pur sang, d'une valeur moyenne de 300 dollars. De même, dans l'Illinois, suivant le rapport de l'honorable W.-C. Flagg, il est fait mention d'un nombre considérable de bestiaux de race améliorée, les neuf dixièmes Short Horns, les autres Jersey, Devon, Hereford et Ayrshire. Il est dit aussi que la plus grande partie des animaux communs du pays ont maintenant une infusion du sang des races supérieures.

« L'impulsion donnée par la presse agricole est manifeste par l'attention croissante accordée à l'introduction d'une meilleure classe d'animaux dans les fermes. Les colonnes de ces journaux présentent constamment des exemples précis, attestant qu'il n'est point profitable d'élever des animaux communs. En avril 1877, M. Pling Nichols (de West-Liberty), éleveur bien connu dans l'Ouest, a publié un exposé des résultats relatifs que l'on peut obtenir par un bon traitement des bestiaux communs, croisés et pur sang. Les prix indiqués par M. Nichols sont ceux du marché de Chicago :

1° Bœuf commun, trois ans et demi, poids moyen 1,400 livres, à 4 cents 1/2 par livre.................................... 63 dollars.

2° Croisé demi-sang, trois ans, poids moyen 1,600 livres, prix 5 cents 1/4, soit.................................... 84

3° Pur sang, trois ans, poids moyen 1,800 livres, soit............ 108

« Ainsi, avec le même traitement, car les animaux avaient été élevés ensemble et dans les mêmes conditions de marché, il y a une différence de près de 21 dollars entre l'animal croisé et le commun et de 45 dollars entre le pur sang et le commun. Cependant, grâce aux méthodes routinières ou défectueuses généralement en usage, M. Nichols ne pense pas que la valeur moyenne des bestiaux américains mis sur le marché, de trois à cinq ans, dépasse 40 dollars par tête. »

Un autre exemple, rapporté par le *National line Stock Journal*, de Chicago :

« A une de ses ventes, M. Reuben Broaddus, grand éleveur de Varna (Illinois), a vendu 112 bœufs croisés, dont 12 pesaient en moyenne 2,063 livres et les autres 1,720 livres. Le prix de vente a été de 6 cents par livre ou de 1 à 1 cent 1/2 de plus que les meilleurs natifs. Le tout formait 196,396 livres et tous étant âgés de trois ans; le fermier a reçu 3,507 dollars pour chaque année d'élevage. Comme il aurait dû garder ses animaux quatre ans, c'est-à-dire un an de plus si c'eût été des natifs, pour qu'ils fussent à l'état parfait de développement, il a sauvé une année d'entretien, ou 3,507 dollars, et il a vendu pour 2,946 dollars de plus que ne lui auraient rapporté, à poids égal, des natifs de choix, les deux items s'élevant à 6,543 dollars. Les natifs gardés quatre ans et *forcés* auraient, en outre, pesé 100 livres de moins que les croisés, ce qui, à 5 cents 1/2, aurait fait une nouvelle différence de 5 dollars 50 cents par bœuf, et, sur les 112 têtes, 616 dollars. Ajoutant ce chiffre aux 6,543 dollars ci-dessus, nous avons 7,069 dollars ou 7,000 dollars en nombres ronds, représentant la différence en faveur de M. Broaddus, sur les 112 bœufs croisés, comparativement à ce qu'il aurait obtenu d'un nombre égal de natifs, soit 61 dollars 50 cents par bœuf, presque la valeur vénale d'un natif. Cette vente a été faite sur place, et l'acheteur, M. Holderman, a emmené le troupeau à Chicago, où il a vendu ses animaux sur le marché à raison de 6 cents 3/4 la livre; tandis que, le même jour, précisément dans les mêmes conditions, les natifs de premier choix se vendaient seulement 5 cents 1/2 et ceux de qualité moyenne 4 cents 1/2. »

Enfin, un troisième exemple, tiré du rapport du Commissaire de l'agriculture (1877-1878, page 341) :

« Vendu à Union-Stock-Yard (Chicago) 64 têtes de bétail (âge : deux ans); partie était de la race commune indigène, le reste demi-sang durham. Les premiers pesaient en moyenne 1,236 livres, et par conséquent au-dessus de la moyenne de l'espèce; ils se sont vendus à raison de 4 dollars 65 cents les 100 livres, soit 57 dollars 45 cents l'un dans l'autre. Les demi-sang short horns pesaient 1,666 livres et se sont vendus 6 dollars 50 cents les 100 livres, ou 108 dollars 29 cents par tête. La différence entre les deux classes est donc de 51 dollars 84 cents par tête. A Union-Stock-Yard, les sujets croisés commandaient généralement 1 à 3 cents par livre de plus que les meilleurs natifs : cela par la raison que les abats du stock perfectionné sont plus petits relativement au poids brut et les parties de choix plus développées.

ÉTAT COMPARATIF DES PRINCIPALES ESPÈCES D'ANIMAUX EXISTANT AUX ÉTATS-UNIS
AU 1ᵉʳ JANVIER DE CHACUNE DES ANNÉES 1877, 1878 ET 1879[1].

	1877.	1878.	1879.
	dollars.	dollars.	dollars.
Bœufs..............	17,956,100	20,420,000	21,408,100
Vaches laitières........	11,260,800	11,432,000	11,826,400
Porcs..............	28,077,100	32,262,400	34,766,100
Moutons............	35,804,200	36,575,900	38,123,000
Chevaux...........	10,155,400	10,611,500	10,938,700

Les prix ont progressivement décliné pendant la même période sur tous les animaux de ferme. La moyenne, par tête, pour tout le pays et pour tous les âges, s'établit comme suit :

	1ᵉʳ JANVIER		
	1877.	1878.	1879.
	dollars.	dollars.	dollars.
Bœufs.........................	17 10	17 14	15 39
Vaches laitières.................	27 32	26 41	21 73
Porcs.........................	6 09	4 98	3 18
Moutons......................	2 27	2 25	2 07
Chevaux......................	60 08	58 16	52 41

ÂGE ET POIDS DES ANIMAUX DE DIVERSES ESPÈCES LIVRÉS À LA CONSOMMATION.

Bœufs[2].

	ÂGE MOYEN.	POIDS MOYEN.
Race indigène.....................	4 ans.	1,000 à 1,200 livres.
Croisés.........................	3	1,500 à 1,800
Pur sang	3	1,800 à 2,000

Porcs[3].

	POIDS MOYEN			
	BRUT.		NET.	
	1876-1877.	1877-1878.	1876-1877.	1877-1878.
	livres.	livres.	livres.	livres.
Age moyen : 6 mois à 1 an..	269 90	282 55	215 92	226 40

La différence entre le poids brut et le poids net se calcule à raison de 20 p. o/o de déchet.

Moutons.

	ÂGE MOYEN.	POIDS MOYEN.
Agneaux élevés et engraissés pour le marché...	4 à 6 mois.	125 livres.

[1] *Department of Agriculture*, 1878-1879. — *Report of the Statistician.*
[2] *Report of Agriculture*, 1877-1878.
[3] *Iowa Agricultural Report*, 1878, p. 53 et suiv.

Voici, comme type, un aperçu du profit tiré de l'élève des moutons pour le marché, d'après un rapport du major Grinnel, au meeting annuel du *Board of Agriculture* du Massachusetts (1878-1879, pages 306 et 307) :

« Il y a un bon profit à élever des agneaux que nous pouvons tirer du Canada ou de l'Ouest, quand nos sujets d'automne sont insuffisants. Ces agneaux, mis en bonne condition et bien nourris, augmentent d'un quart de leur poids en quatre ou cinq mois et doublent leur valeur comme qualité de viande.

Dépense.

		dollars.
50 moutons pesant, par exemple, 100 livres, à 3 dollars par tête..	150	00
6 tonnes de foin, à 20 dollars	120	00
100 boisseaux de maïs, à 75 cents	75	00
Total	345	00

Produit.

50 moutons, à 125 livres chacun, soit 6,250 livres, à 5 cents 1/2..	343	75
5 mesures d'engrais, à 5 dollars	25	00
Total	368	75

Produit	368	75
Dépense	345	00
Bénéfice direct	23	75

« Mais le principal profit consiste en ce que le fermier a *vendu au troupeau*, sans déplacement, son foin et son maïs à un prix double de ce qu'ils lui ont coûté, soit 97 dollars 50 cents, et en ce qu'il a acquis une quantité d'engrais de première qualité, le tout équivalant à un bénéfice de 120 à 125 dollars pour un capital de 300 à 350 dollars.

« Tous les fermiers attestent qu'ils font plus d'argent en élevant des moutons que de toute autre façon, en ce sens qu'ils disposent de leur grain et de leur fourrage avec plus de profit, en même temps qu'ils en tirent un plus rapide et plus sûr revenu que de tout autre stock. »

L'exemple qui précède n'est qu'un des modes d'exploitation en usage. Mais les autres procédés d'élevage aboutissent à des résultats analogues, toujours en rapport avec la quantité de soin et de travail qui y est consacrée.

C. — Laiterie.

Bien que le questionnaire n'aille pas au delà des céréales et des bestiaux, il n'est pas inutile de donner un aperçu du marché américain pour les produits de la laiterie, qui ne laissent pas que d'avoir une certaine importance au point de vue de l'exportation.

La laiterie constitue une branche considérable de l'industrie agricole aux

États-Unis, et son développement rapide doit appeler en France une attention particulière.

En 1840, dans l'État de New-York, qui a toujours été au premier rang pour l'exploitation laitière, la production totale en lait, beurre et fromage représentait un mouvement annuel d'un peu moins de 10,500,000 dollars, soit environ le tiers de la production de la totalité des États-Unis. Mais en 1869, suivant le recensement officiel de 1870, l'ensemble des produits de l'État de New-York en beurre et en fromage s'élevait à 57 millions de dollars, et à 100 millions de dollars en y comprenant le lait vendu en nature ; et, en 1876, la valeur du lait, du beurre et du fromage reçus dans la seule ville de New-York s'élevait, suivant les relevés quotidiens du *Board of Trade*, à plus de 55 millions de dollars. En 1876, le professeur X.-A. Villard a lu devant le Congrès national agricole, à Philadelphie, un mémoire portant à 600 millions de dollars le produit pour la même année des fermes à laitage dans les États-Unis. Il n'était que de 400 millions de dollars en 1869, suivant le Commissaire de l'agriculture D.-A. Wells. La progression n'a pas été moindre pour la période suivante. La production du beurre est évaluée aujourd'hui à 1 milliard de livres et celle du fromage à 300 millions de livres (Rapport du Commissaire de l'agriculture pour 1877-1878). Enfin, les exportations ont suivi un mouvement analogue.

En voici l'état pour les neuf années finissant au 30 juin 1879 :

ANNÉES.	BEURRE.		FROMAGE.	
	LIVRES.	VALEUR.	LIVRES.	VALEUR.
		dollars.		dollars.
1870............	2,019,288	592,229	57,296,327	8,881,934
1871............	3,965,043	853,096	63,698,867	8,752,990
1872............	7,746,261	1,498,812	66,204,025	7,752,918
1873............	4,518,844	952,919	80,366,540	10,498,010
1874............	4,337,983	1,092,381	90,611,077	11,898,995
1875............	6,360,827	1,506,996	101,010,853	13,659,603
1876............	4,644,894	1,109,496	97,676,264	12,270,083
1877............	21,527,242	4,424,616	107,366,666	12,700,627
1878............	21,837,117	3,931,822	123,783,736	14,103,529

Ainsi, après être restée presque stationnaire, bien qu'avec des fluctuations diverses entre 2 millions et 4,500,000 livres, pendant les sept années de 1870 à 1876, l'exportation du beurre s'est tout à coup élevée à 21,500,000 livres en 1877 et à près de 22 millions de livres en 1878 ; et non seulement elle ne paraît pas devoir rétrograder, mais encore elle semble progresser avec une rapidité croissante, car elle s'est élevée à 32,595,692 livres pendant les neuf mois de l'année 1879 finissant au 30 septembre[1]. On estime ici que cette branche de l'industrie agricole prendra promptement des proportions considérables, surtout pour le beurre frais, par l'application des procédés perfectionnés de réfrigération en usage depuis quelques années pour l'exportation de la viande fraîche.

Les trois quarts de l'exportation ci-dessus décrite sont à destination de l'Angleterre; le reste va dans l'Amérique anglaise et les Antilles.

QUANTITÉS DES ANIMAUX VIVANTS OU ABATTUS EXPORTÉS ANNUELLEMENT
TANT EN EUROPE QUE DANS LES AUTRES PAYS ÉTRANGERS.

Les états qui suivent sont compilés : 1° d'après les rapports du Département de l'agriculture pour 1877-1878 et 1878-1879; 2° d'après les rapports du *Produce Exchange* de New-York pour les mêmes années; 3° d'après les statistiques de M. Sidney D. Maxwell, surintendant du *Merchant Exchange* de Cincinnati.

1877-1878.
(Du 30 juin au 30 juin.)

Animaux vivants.

	NOMBRE.	VALEUR.
Bœufs	50,000	1,593,080 dollars.
Porcs	65,107	699,180
Moutons	179,017	234,480

Animaux abattus.

	LIVRES.	VALEUR.
Bœuf frais	49,210,990	4,552,523 dollars.
Mouton	349,368	36,480

1878-1879.

Animaux vivants.

PAYS.	BŒUFS.		PORCS.		MOUTONS.	
	NOMBRE.	VALEUR.	NOMBRE.	VALEUR.	NOMBRE.	VALEUR.
		dollars.		dollars.		dollars.
Angleterre	24,982	2,408,843	7,867	69,395	15,038	109,777
Europe continentale.	2,349	206,898	515	2,935	655	4,980
Autres pays	52,709	1,281,077	20,902	194,929	168,302	219,246
Totaux	80,040	3,896,818	29,284	267,259	183,995	334,003

[1] *Summary statement of Imports et Exports*, 15 novembre 1879.

Animaux abattus.

PAYS.	BOEUF FRAIS.		MOUTON.	
	LIVRES.	VALEUR.	LIVRES.	VALEUR.
		dollars.		dollars.
Angleterre	53,526,469	4,966,152	//	//
France	487,690	42,537	//	//
Autres pays européens	Néant.	//	//	//
Amérique britannique	1,209	125	//	//
Antilles	11,403	1,042	//	//
Totaux	54,046,771	5,009,856	130,582	9,272

Le porc et ses produits entrent pour plus de 60 p. o/o dans les exportations animales. En voici la répartition (juin 1878 à juin 1879) :

PAYS de DESTINATION.	LARD FUMÉ ET JAMBON.		SAINDOUX.		PORC SALÉ.		HUILE DE LARD.	
	LIVRES.	VALEUR.	LIVRES.	VALEUR.	LIVRES.	VALEUR.	GALLONS.	VALEUR.
		dollars.		dollars.		dollars.		dollars.
Angleterre	418,467,543	38,241,651	114,484,711	10,175,475	22,130,653	1,709,123	1,189,127	741,158
France	55,280,429	4,161,468	50,465.990	4,274,074	597,969	42,523	165,592	108,871
Allemagne	28,022,987	2,201,208	85,352,594	7,413,937	702,900	49,961	80,993	13,599
Belgique et Hollande	58,281,937	4,423,329	85,364,915	3,076,173	169,520	11,587	39,652	25,221
Autres pays européens	12,170,639	758,372	3,740,539	311,912	98,400	10,076	//	//
Amérique anglaise	5,697,324	575,568	3,045,168	261,689	16,405,574	1,011,558	51,043	35,384
Antilles	13,611,916	1,241,763	29,994,189	2,505,505	26,852,111	1,751,603	15,625	11,562
Amérique centrale et mé-ridionale, Mexique	948,827	104,026	19,413,449	1,919,598	3,782,363	251,351	90,731	43,396
Autres pays	332,749	44,683	806,365	76,941	1,127,765	75,875	18,886	16,249
Totaux	592,834,351	51,752,068	342,667,920	30,014,254	71,889,255	4,913,657	1,651,649	994,440

4

EXPORTATION POUR TOUS LES PAYS ÉTRANGERS PENDANT LES DIX PREMIERS MOIS
DES ANNÉES 1878 ET 1879 FINISSANT AU 31 OCTOBRE.

(Summary statement of Imports et Exports.)

Animaux vivants.

	1878.	1879.
Bœufs	101,763	124,031
Porcs	36,204	67,566

Animaux abattus.

	1878. livres.	1879. livres.
Jambon ou lard fumé	544,490,339	622,189,396
Bœuf { frais	42,390,717	52,266,871
{ salé ou fumé	32,828,794	30,967,593

Mode suivi pour l'exportation. — Lorsqu'il s'agit d'animaux entiers, sont-ils transportés vivants ou abattus? — Dans ce dernier cas, quels sont les moyens de préparation ou de conservation adoptés? — Existe-t-il des établissements spéciaux pour cet objet, etc.? — S'il en existe, décrire leur organisation et leurs moyens d'action.

Les animaux sont expédiés vivants ou abattus. L'exportation des bestiaux vivants n'a pas suivi une progression aussi rapide que celle des bestiaux abattus. Commencée à une époque antérieure, elle a été arrêtée dès qu'ont été appliqués les procédés actuellement en usage pour la conservation des viandes fraîches, c'est-à-dire depuis 1875. Un petit nombre d'animaux vivants avaient été exportés auparavant, et il en a encore été envoyé depuis en nombre progressif; mais les frais et les pertes étant notablement plus considérables que pour les viandes mortes, il n'y a pas apparence que ce mode d'exportation prenne jamais des proportions égales, à beaucoup près, à celles qu'est en voie d'acquérir et même qu'a déjà acquises le commerce des conserves animales fraîches.

Il a été fait des essais pour introduire sur le marché anglais du bœuf conservé en boîtes, mais ce mode de préparation n'a pas été accueilli favorablement, même parmi les classes pauvres. On a aussi pensé, en Angleterre, à faire venir du bœuf des vastes pâturages de l'Australie, mais des sommes considérables ont été inutilement dépensées dans cette expérience; les grandes distances et les régions chaudes à traverser semblent s'opposer absolument au succès de telles entreprises, d'autant plus que, pour arriver de si loin en bonnes conditions, il faut que la viande soit entièrement glacée, d'où il résulte qu'elle ne se conserve pas, aussitôt qu'elle est dégelée, et qu'il faut absolument qu'elle soit vendue à tout prix dès qu'elle est débarquée. Le procédé américain de réfrigération, au contraire, reste toujours au-dessus du degré de congélation; la viande, exposée à des courants frais traversant incessamment les compartiments dans lesquels elle est suspendue pendant le voyage, gagne en qualité, assure-t-on, et acquiert une réelle supériorité sur la viande fraîche du marché anglais.

C'est, comme on l'a vu en 1875, au mois d'octobre qu'a été fait le premier envoi de bœuf frais d'Amérique pour l'Angleterre par M. Timothy-C. Eastman (de New-York). La première expédition se composait de 45 bœufs et 50 moutons. Dans le mois de décembre suivant, il a fait un second envoi comprenant 100 bœufs. Depuis lors, il a fait périodiquement de nouvelles expéditions s'accroissant progressivement, si bien que dès le commencement de 1877 il chargeait jusqu'à 1,000 bœufs et 700 moutons par semaine. A la fin de la même année, il avait exporté environ 30,000 têtes de bétail et s'était ouvert un marché à Londres, Liverpool, Manchester, Sheffield, Birmingham, Leeds, Newcastle, Glasgow, Édimbourg, Dundee et autres villes en Angleterre et en Écosse.

Le procédé de conservation employé par M. Eastman est celui patenté au nom de M. Bate, de qui le premier l'a acquis. La viande est renfermée dans des compartiments hermétiquement clos, incessamment traversés par un courant d'air frais. Ces compartiments sont construits dans l'entrepont des steamers employés à ce service. Le plus grand est celui du *Wisconsin*, de la ligne Williams-et-Guion, qui a 40 pieds de large sur 100 pieds de long et 7 pieds de hauteur. Les compartiments sont formés par une triple cloison de bois à joints alternés, recouverte de papier goudronné sur les deux faces et laissant entre chaque épaisseur un espace vide d'un pouce et demi, ce qui fait une muraille aussi impénétrable à l'air que possible.

Une glacière est construite sur un côté ou à l'extrémité du réfrigérateur. 50 tonnes de glace sont nécessaires pour conserver 60 tonnes de viande. Un ventilateur est placé dans la chambre et mis en mouvement par une petite machine à vapeur installée sur le pont. Des tuyaux s'étendent du ventilateur le long du plancher et des parois, et, traversant la glacière, entretiennent pendant tout le voyage un courant d'air frais dans le réfrigérateur. La circulation peut être activée par l'accélération du ventilateur. Un thermomètre indique la température, qui est maintenue aussi près que possible de 36 à 38 degrés Fahrenheit. La vapeur est fournie à la machine du ventilateur par la chaudière du steamer.

La viande destinée à être exportée est préparée à l'abattoir ou à l'entrepôt de bestiaux du *New-York Central and Hudson River Railroad*, où de vastes réfrigérateurs ont été construits à demeure par M. Eastman suivant les mêmes principes que ceux des steamers. Ils sont contigus au local où les bestiaux sont tués et apprêtés, d'où ils y passent immédiatement sans être exposés à l'air extérieur. Là ils sont suspendus à des crochets aussi longtemps qu'il est nécessaire pour que la viande se refroidisse, ce qui est considéré comme très important pour un long voyage; la viande devient ainsi ferme et compacte. Chaque quartier est alors cousu dans une forte toile pour l'empêcher de s'altérer, soit par le contact direct de l'air, soit par le frottement ou le maniement. Dans aucun cas, la viande ne doit être gelée, et elle doit être tenue autant que possible au même degré de température. Dès que le steamer est prêt à la recevoir, elle y est transportée avec précaution et généralement la nuit, afin d'éviter la chaleur du jour, de même que les retards des rues. M. Eastman affirme qu'il n'a jamais perdu un quartier de bœuf, et que sa viande au port de débarquement est meilleure en condition pour être expédiée à l'intérieur que le bœuf abattu sur place. Il pense que la basse température des réfrigérateurs resserre les pores à la surface de la viande et qu'elle est par là rendue moins sensible que la viande fraîche aux effets de la chaleur.

Les frais d'importation par les procédés Eastman pour le dressage, le fret et le prix du transit, y compris les commissions de l'autre côté de l'Océan, est d'environ 26 dollars par bœuf.

D'autres maisons de New-York, de Philadelphie et de Portland (Maine) ont suivi l'exemple de M. Eastman et se sont livrées à l'exportation des viandes fraîches. L'une de ces maisons (MM. Sherman et Gillett), la plus ancienne et la plus considérable après M. Eastman, a commencé ses opérations à la fin de la même année que celui-ci. Elle a son établissement pour l'abatage et le dressage des viandes à l'entrepôt des bestiaux de Jersey-City, sur Harsimus-Cove, qui est une anfractuosité de la baie de New-York, en contiguïté immédiate avec les chemins de fer Pensylvania-Central and Érié, et elle a dès l'origine installé des réfrigérateurs à bord de trois steamers de la ligne Inman, deux de la ligne Cunard et un de la ligne National-Line. Son système de réfrigérateurs dans l'établissement de Jersey-City, comme à bord des navires, diffère de celui de la Patent-Bate et est breveté sous le nom de *Docteur J.-J. Cravens Patent*. Il procède non par la circulation de courants froids à l'air libre, mais par voie de rayonnement. Le réfrigérateur est pareillement placé dans l'entrepont. Celui du *City of Chester*, de la ligne Inman, peut contenir jusqu'à 300 bœufs. Les parois, parfaitement impénétrables à l'air, sont couvertes entièrement, à l'intérieur, de tuyaux juxtaposés dans lesquels une pompe fait incessamment circuler une saumure puisée dans un réservoir contenant 80 boisseaux de sel de Liverpool et 40 tonnes de glace, où elle est ramenée au fur et à mesure qu'elle a parcouru le circuit. Ces quantités sont suffisantes pour conserver en parfait état 100 bœufs pendant treize ou quinze jours, durée maximum du voyage d'Amérique en Angleterre. On calcule que le rayonnement du froid dégagé des tuyaux atteint à une distance de 18 pieds; au delà de cette portée, il faut établir un système de tuyaux additionnels rattachés au réservoir, lequel reçoit à volonté un supplément de glace et de sel. La température est entretenue, comme dans le système Eastman, aussi près que possible de 36 degrés Fahrenheit.

Pendant l'année 1876, MM. Sherman et Gillett avaient donné un grand développement à leurs exportations; au commencement de 1877, c'est-à-dire un peu plus d'un an après leur début, ils ont soudainement restreint leurs envois,

et dans le cours de la même année ils les ont réduits de 50 p. o/o. Ils ont
résigné leurs contrats avec les lignes *Cunard* et *National* et retiré les réfrigérateurs
de leurs navires. Ils n'expédient plus maintenant que par la ligne Inman et
par quantités n'excédant guère en moyenne 200 bœufs, 100 moutons et
200 porcs par semaine. MM. Sherman et Gillett pensent, d'après les résultats
de leur expérience, que ces sortes d'entreprises doivent être conduites avec une
grande prudence. Le marché anglais, disent-ils, qui est le principal et presque
le seul marché largement ouvert aux viandes fraîches, est extrêmement capri-
cieux et mobile; à Londres, les prix du bœuf varient souvent d'un penny dans
une heure et de deux pence dans un jour. Il leur est arrivé d'être obligés de
descendre pour la vente jusqu'à 4 pence par livre, ce qui constituait une perte
sérieuse sur leur chargement; mais en général la moyenne est de 6 pence, et,
à ce prix, l'opération est suffisamment rémunératrice.

MM. Soffey et Cⁱᵉ ont aussi un établissement du même genre à Harsimus-
Cove (Jersey-City) et ils expédient environ 100 têtes de bétail par semaine
depuis 1877. Ils n'ont pas augmenté leurs opérations depuis. Ils se servent
du procédé Bante, qui est à peu près le même que le Bate.

Notons en passant que le poids moyen des bestiaux exportés par ces trois
maisons, tout préparés et placés à bord des navires, est de 700 à 850 livres
pour les bœufs, 120 à 130 livres pour les porcs et 60 à 80 livres pour les
moutons.

Les trois maisons dénommées (Timothy-C. Eastman, Sherman et Gillett,
Daniel Soffey et Cⁱᵉ) sont les seules à New-York qui chargent actuellement et
régulièrement des viandes fraîches d'Amérique pour l'Europe.

MM. Snowden et Mᶜ Conville, Samuels et Cⁱᵉ, Stahlnecker et Cⁱᵉ, qui
avaient commencé en 1876-1877, ont renoncé à ce genre d'affaires et n'expédient plus. De même les maisons Allerton et Cⁱᵉ et Martin Fuller et Cⁱᵉ, de
Philadelphie, ont cessé leurs expéditions périodiques, qui se sont élevées jusqu'à 500 têtes de bétail par semaine. La dernière seulement fait occasionnel-
lement quelques chargements irréguliers. De même aussi, de temps à autre
un certain nombre d'animaux vivants sont envoyés en Europe par les lignes de
Glasgow; enfin, divers ports, parmi lesquels Portland (Maine), font des expéditions d'animaux sur pied non sans importance, mais ne constituant pas un
courant de commerce régulier.

Cependant ce n'est certainement qu'un temps d'arrêt et de transition, car
l'exportation en 1878 l'a emporté considérablement, pour le bœuf du moins,
sur celle de 1877 (80,040 têtes dans la dernière année contre 50,001 dans la
précédente). Celle des moutons est restée à peu près stationnaire (183,000 têtes
en chiffres ronds contre 179,000 têtes) et celle du porc a diminué au point
qu'on aurait pu la croire presque abandonnée (29,008 têtes en 1878 contre
65,000 en 1877) si elle ne s'était relevée au delà même de ce dernier chiffre
(67,566 têtes) pendant les dix mois de 1879 finissant au 31 octobre dernier.

La vérité est, en résumé, que le profit dans l'exportation de la viande fraîche est très éventuel et la marge très étroite. «La plus grande partie du bœuf exporté[1] vaut, sur le marché de New-York, 9 à 10 cents la livre par bœuf entier. Le même bœuf, de l'autre côté de l'Atlantique, produit 5 pence 1/2 à 6 pence, soit 11 à 13 cents par livre. Parfois le marché est encombré de viande, et alors les prix tombent plus bas encore. C'est ce qui est arrivé pendant les fêtes de fin d'année de 1877 (Noël) par suite de l'affluence de la volaille et d'autres provisions spéciales, qui ont tellement fait baisser les prix que la viande américaine débarquée à cette époque s'est vendue à un prix nominal, ce qui a causé une perte considérable aux expéditeurs.»

Les ventes sur le marché anglais, en général, ont produit, dans le cours des dernières années, environ 5 pence 3/4, soit 11 cents 1/2 de monnaie américaine, non sans de grandes fluctuations qui augmentent les risques de la spéculation. Le coût de l'expédition, y compris l'enveloppe des quartiers, chaque quartier étant cousu dans un sac, la glace, le fret et les commissions de vente, s'élèvent à environ 3 cents par livre. Il est admis qu'un dollar net par bœuf constituerait un bénéfice satisfaisant. Un quart de cent par livre est considéré comme un bon profit. Avec une marge si étroite, l'entreprise sur une grande échelle peut seule être avantageuse, et elle doit être montée de telle sorte que tous les procédés d'exécution soient combinés pour opérer avec la plus rigoureuse économie. Il ne faut donc pas s'étonner que, comme on l'a vu, cette industrie ne se développe que lentement, avec une grande circonspection, et même que plusieurs maisons qui s'y sont d'abord engagées y aient finalement renoncé après une courte expérience.

XI.

Pertes annuelles. — Les produits végétaux sont-ils exposés ordinairement à des pertes provenant : 1° des accidents atmosphériques (grêle, inondation, gelée, sécheresse); 2° de la présence d'insectes nuisibles ou d'animaux malfaisants? — Donner quelques indications sur la nature de ces accidents, insectes ou animaux, le montant des dommages qu'ils occasionnent, année moyenne, et les moyens employés pour les combattre ou remédier aux conséquences de leur action. — Les animaux sont-ils exposés ordinairement à des maladies endémiques ou à des épizooties? — Les indiquer, faire connaître le montant des pertes que ces maladies et ces épizooties occasionnent, année moyenne, ainsi que les moyens employés pour les combattre.

ACCIDENTS ATMOSPHÉRIQUES.

Le continent américain ou du moins la partie comprise dans la limite des États-Unis ne présente aucun caractère météorologique ou climatérique qui affecte ordinairement l'agriculture. Sauf les débordements accidentels du Mississipi provenant toujours de la rupture des digues négligées et qui ravagent parfois les plantations riveraines, on ne signale que très rarement des accidents de ce genre. En réalité, les seules pertes sensibles qui attei-

---

[1] Rapport du Commissaire de l'agriculture, 1877-1878.

gnent les produits végétaux par des causes naturelles sont occasionnées soit par des accès de chaleur excessive, soit par des sécheresses prolongées. L'État de l'Iowa par exemple, qui occupe le premier rang parmi les États producteurs de blé, a éprouvé en 1878 une de ces calamités.

« En juin de cette année, » dit le secrétaire de la Société agricole de l'État dans son rapport annuel pour 1878-1879, « la condition du blé était de 10 p. o/o au-dessus de la moyenne. Jamais une plus belle perspective ne s'était offerte. Le cultivateur se réjouissait; il comptait sur la récolte pour payer des dettes et donner du confort à sa maison; mais ses espérances se sont évanouies comme un rêve. Le vendredi 12 juin 1878 a été un jour que les fermiers n'oublieront pas de longtemps. Ce seul jour a tout changé : les sourires en lamentations, l'espoir en découragement, et les dettes en désastres. La chaleur torride de cette journée exceptionnelle a détruit des centaines de millions de boisseaux de blé. Quantité de champs qui promettaient de 25 à 40 boisseaux n'ont pas même été moissonnés. Cependant (chose remarquable!) quelques comtés du sud et de l'est de l'État ont donné une abondante et excellente récolte. »

Inutile de dire que ces phénomènes sont rares. Cependant il n'est pas impossible qu'ils affectent la production du blé plus qu'ils ne l'ont fait jusqu'ici, s'il est vrai, comme on l'a dit déjà et comme semble l'attester l'expérience de la dernière année, que les vastes et magnifiques régions du Nord-Ouest, qui semblent prédestinées à devenir le centre principal de la production des céréales sur le continent américain, soient particulièrement sujettes à des sécheresses périodiques.

On a vu, en effet, par un extrait donné précédemment du rapport du Secrétaire de l'agriculture pour 1878-1879, que « le blé, qui promettait un rendement moyen très considérable en mai dans les États du Nord-Ouest, avait été gravement affecté par la chaleur et la sécheresse en juin et juillet ». L'augmentation de la superficie cultivée a seule compensé le déficit provenant de cette cause. La conséquence immédiate a été que dans le Minnesota, considéré comme l'État à blé *de l'avenir*, la moyenne du rendement par acre n'a été que de 12 boisseaux au lieu de 25 que l'on se flattait d'obtenir. Cette observation ne manque pas d'une certaine importance, en ce qu'elle peut jeter quelque doute sur les promesses de production à bon marché fondées sur l'aptitude particulière de cette contrée à la culture du blé. Rien ne prouve jusqu'ici que, même avec les moyens perfectionnés d'exploitation mis en œuvre par les grands capitaux qui s'y sont portés avec une libéralité et une confiance peut-être prématurées, le blé puisse s'y obtenir dans des conditions de revient plus favorables que dans la généralité des États agricoles.

INSECTES NUISIBLES. — ANIMAUX MALFAISANTS.

Les insectes jouent ici un grand rôle dans l'économie rurale. Aussi les États agricoles ont-ils généralement un *entomologiste* officiel attaché à leur *State*

Agricultural Board. La fonction de cet agent est ainsi décrite, à titre de *desi-deratum*, dans le rapport du secrétaire de la Société agricole de l'État de l'Iowa pour l'année 1878 (page 38) :

« Nous devons avoir un entomologiste; nous sommes fatigués d'envoyer dans le Missouri, dans l'Illinois ou ailleurs, pour obtenir les renseignements dont nous avons besoin quand nous voulons savoir quel est tel ou tel insecte nouveau chez nous, s'il est utile ou malfaisant, si nous devons le protéger ou le combattre, etc... L'entomologiste devra avoir ici un local disposé pour ses observations; il devra provoquer des correspondances et l'envoi de spécimens soit des fermiers, soit d'autres personnes, répondre avec exactitude et courtoisie; condenser ses travaux de l'année en un petit volume soumis au contrôle de ce bureau et devenir ainsi un auxiliaire très important du *State Board of Agriculture*, pour étudier sa spécialité et ensuite expliquer ce qu'il aura découvert au profit de la science en général et de la communauté de l'Iowa en particulier.

« ..... Le bureau se propose d'insister auprès du peuple et de ses représentants jusqu'à ce que l'Iowa ait au moins son entomologiste et son taxidermiste, s'il ne peut s'adonner à la culture d'autres branches de l'histoire naturelle. »

L'utilité de ce service est encore attestée par M. John Grinnelle, vice-président du *Board of Agriculture* du même État, dans un discours prononcé dans les premiers jours de 1879 devant la *National agricultural Association* siégeant à New-York :

« Prenez, a-t-il dit, mon propre État, l'Iowa, organisé depuis trente-deux ans et ayant une population de 1,500,000 âmes, et voyez combien sont insuffisants les encouragements donnés à nos classes agricoles. 2 millions de dollars (10 millions de francs) sont perdus annuellement par ce qu'on appelle le *Hay cholera* (choléra du foin), et plus que cette somme par la présence d'un insecte qui coupe le blé sur pied dans nos champs. L'Iowa demande vainement à nos hommes de science un remède contre ces pertes..... »

Il existe dans les *Transactions* du Département de l'agriculture de l'Illinois, pour 1876 (volume 14), un rapport du *State entomologist* (M. Cyrus Thomas) qui ne remplit pas moins de 174 pages grand in-octavo et dans lequel sont décrits 216 insectes nuisibles ou utiles à l'agriculture, avec les époques auxquelles ils apparaissent, leurs caractères distinctifs, les végétaux qu'ils affectent, leurs mœurs, la nature et l'étendue des dommages qu'ils causent, les moyens employés pour les combattre, etc. A ce catalogue est jointe une nomenclature de 99 espèces de végétaux affectés par ces parasites. La vigne seule n'en compte pas moins de 14, le pommier 13, la pomme de terre 6, etc. Des études analogues existent dans les archives officielles, dans les rapports des sociétés ou dans les journaux agricoles des divers États.

Enfin, le dernier rapport annuel du Commissaire de l'agriculture à Washington contient, sur les insectes utiles ou nuisibles, une notice de M. Charles-

V. Riley entomologiste du Département, remplissant 5o pages de petit texte, avec de nombreuses planches admirablement gravées.

Il serait impossible de donner même un aperçu de ces importants travaux. Quelques notes seulement sur quelques-uns des fléaux qui ont affligé récemment ce pays trouveront ici leur place.

Les sauterelles de l'Ouest (*the Rocky Mountain's Locust*) sont une des plaies les plus redoutables de la grande région agricole des États-Unis. Elles y ont souvent causé des ravages équivalant à la ruine entière d'une ou de plusieurs récoltes successives.

Des enquêtes nombreuses ont été faites soit par ordre du Congrès, soit sous la direction des sociétés agricoles, soit enfin par des agronomes distingués, tels que M. Riley, dont les divers rapports au gouvernement de l'État du Missouri et les publications spéciales contiennent les renseignements les plus complets que l'on possède sur l'histoire naturelle de ces insectes destructeurs, sur leur origine, leur développement, leurs mœurs, leurs caractères, sur l'importance de leurs déprédations et sur les moyens de les prévenir. Des volumes ont été publiés sur ce sujet; mais il n'existe malheureusement que des palliatifs bien insuffisants pour la plupart des cas. Il n'en est pas moins utile de donner la substance de ces importantes études.

Il est impossible de se faire une idée des désastres causés par les sauterelles sans en avoir été témoin. Isolément ce sont des insectes inoffensifs, mais, réunies en masse, elles ont une puissance de destruction incomparable. Les campagnes où elles s'abattent, florissantes et pleines de promesses la veille, sont le lendemain à l'état de table rase. Ce ne sont pas des essaims, ce sont des nuages qui obscurcissent le soleil. Leur vol ressemble à une immense tempête de neige remplissant l'air depuis la surface du sol jusqu'à des hauteurs inaccessibles à la vue et formant dans la transparence voilée du soleil comme un fourmillement d'étincelles.

« Sur les pics les plus élevés de la chaîne neigeuse, dit William-N. Byers dans l'*American Entomologist* (t. I, p. 94), à 14,000 ou 15,000 pieds au-dessus du niveau de la mer, je les ai vus remplir les régions supérieures de l'atmosphère si haut qu'elles ne pouvaient être distinguées avec une bonne longue-vue. » A l'horizon, elles apparaissent souvent comme une trombe de poussière emportée par le vent, tournoyant et courant avec une puissance d'impulsion inimaginable. Si une de ces colonnes rencontre un obstacle, soit un changement de courant atmosphérique, soit un orage, elle s'arrête comme pour modifier sa route; mais la masse compacte ne se détourne pas assez vite pour éviter de se heurter. Les myriades d'insectes s'entre-choquent avec des bruits de cymbales; les ailes se reploient, et les corps inertes tombent sur le sol, qu'ils jonchent de leurs débris broyés s'ils rencontrent une surface dure où la chute ne soit pas amortie.

Le fait suivant est rapporté par un témoin oculaire digne de confiance, M. H. Mc Allister, de Colorado-Springs (Colorado) :

« En 1875, dans les premiers jours du mois d'août, un essaim envahit soudainement cette localité. Il venait avec le vent, et il s'abattit dans une averse de pluie. Le sol était littéralement couvert d'une couche de deux à trois pouces et brillant comme un dollar neuf. En s'enlevant, le lendemain, toute la masse étant comme un bloc solide, les ailes s'embarrassèrent les unes dans les autres, les corps se heurtèrent et retombèrent lourdement sur le sol. Le fourmillement était effrayant; les insectes se relevaient par groupes, tournoyaient, se jetaient tête baissée partout, contre tout, contre les arbres, les maisons, par les fenêtres ou les portes ouvertes, s'entassant et se bousculant, et en même temps essayant sur tout ce qu'ils rencontraient leurs mâchoires formidables qui craquaient avec un bruit métallique. Au milieu de ce bourdonnement énervant, en face de la destruction imminente que rien ne pouvait conjurer, on se rappelait fatalement les plaies d'Égypte. Le bruit des myriades de mandibules en action est familier à quiconque a *combattu* un feu de prairie ou entendu les flammes poussées par un vent rapide; l'effet et les sons sont exactement les mêmes.

« On a souvent souri dans l'Est quand nous avons raconté que les sauterelles arrêtaient parfois les trains sur les chemins de fer de l'Ouest. Rien n'est plus vrai cependant, et cela est souvent arrivé dans les grandes invasions de 1874 et 1875, les insectes passant au-dessus de la voie et s'y posant en tel nombre que les matières visqueuses formées par l'écrasement des corps neutralisaient la traction au point d'arrêter la marche, surtout dans les pentes [1].

Les sauterelles sont originaires des hauts plateaux des montagnes Rocheuses, dans la région s'étendant environ du 55e degré de latitude Nord et du 25e degré au 35e degré de longitude à l'Ouest de Washington, où on les rencontre toute l'année en quantités innombrables. De là elles débordent à l'Est sur un espace ayant à peu près la même étendue du Nord au Sud, sur un tiers environ de la même largeur. Quoique établis seulement temporairement dans cette zone, les insectes y déposent leurs œufs et y foisonnent quand la saison est favorable à leur éclosion; enfin, autour de ces espaces, qui peuvent être considérés comme le foyer de leur race, d'immenses migrations se répandent, certaines années, à l'Ouest jusqu'aux premières assises de la sierra Nevada, à l'Est jusqu'à la vallée du Mississipi et au Sud jusqu'au cœur du Texas, laissant à peine intacte une étroite bande de terre le long de la côte du Golfe. En réalité, c'est presque la moitié du territoire des États-Unis qui est sujette à ces invasions. Le temps le plus dangereux est celui qui suit immédiatement les éclosions, échelonnées à peu près comme suit :

Dans le Texas, du milieu à la fin de mars;

Dans les parties méridionales du Missouri et du Kansas, vers la seconde semaine d'août;

Dans le nord des mêmes États et dans les parties méridionales de l'Iowa et du Nebraska, à la fin d'avril et au commencement de mai;

[1] Rapport du Commissaire de l'agriculture, 1877, p. 266.

Dans le Minnesota et le Dakota, des premiers jours à la troisième semaine de mai;

Enfin, dans le Montana et le Manitoba, du milieu de mai au 1er juin.

En résumé, la masse des insectes éclôt, année moyenne, vers le milieu de mars, dans les latitudes du 35° degré, et continue à éclore en plus grand nombre quatre jours plus tard par chaque série de quatre degrés de latitude Nord, jusqu'à ce que, vers le 49° degré parallèle, se produisent les mêmes effets observés sept ou huit semaines auparavant dans le Texas méridional.

A l'Est des limites indiquées, on aperçoit çà et là quelques individus, quelques groupes même, détachés de la masse et comme égarés; mais ils ne se reproduisent pas et périssent bientôt. La plupart ont déjà perdu toute vitalité, et s'ils déposent des œufs, les éclosions ont lieu en automne, et les insectes meurent à l'approche de l'hiver.

On conçoit qu'un pareil fléau, dont les ravages dans chacune des quatre années 1874 à 1877 ont atteint, d'après les évaluations officielles, le chiffre énorme de 40 millions de dollars, soit l'objet de la sollicitude du Gouvernement, des sociétés agricoles, de tous ceux qui ont un intérêt dans l'agriculture. Aussi, comme il a été dit, des travaux immenses ont été entrepris et des volumes publiés sur la matière. Une enquête générale, provoquée par le Département central dans tous les États sujets au fléau, a amené, en 1877, une multitude de communications, de plans et de suggestions pour la destruction des sauterelles, ou au moins pour l'atténuation de leurs ravages dans la zone intermédiaire, celle où, sans être à demeure, elles s'abattent temporairement en masses compactes, et où parfois elles déposent des germes dont l'éclosion, l'année suivante, est plus funeste encore que l'immigration initiale. Un rapport officiel, résumant ces observations, rend compte d'un nombre considérable de procédés proposés, mécaniques, chimiques ou manuels. Il va sans dire que, sur de si immenses espaces, les expériences et les applications ne peuvent être que locales; mais elles ont parfois donné de bons résultats, et il n'y a pas de doute que, dans les périodes calamiteuses, beaucoup de fermiers ne puissent sauver tout ou partie de leurs récoltes par des précautions ou des opérations collectives, dirigées d'après les indications générales livrées à la publicité. Malheureusement, l'insouciance chronique pour des maux qui ne sont qu'intermittents fait perdre le danger de vue, et, le jour où arrivera une nouvelle invasion, les cultivateurs seront surpris sans défense, comme ils l'ont été dans les calamités du même genre, devenues de plus en plus onéreuses à mesure que s'étendent et se multiplient les *settlements* de l'Ouest.

Les principaux moyens de prévention ou de préservation expérimentés avec plus ou moins de succès sont :

1° La propagation des oiseaux insectivores, tels que la caille émigrante du sud de l'Europe, que l'on se propose d'importer et de naturaliser dans les États du Pacifique;

2° La destruction des œufs par le hersage et le labourage superficiel, en automne, des terres qui ont reçu la terrible visite et où les œufs sont déposés en couches compactes à environ un pouce de profondeur; ramenés à la surface, ils périssent par le froid de l'hiver : ce procédé est recommandé comme le plus généralement applicable et le plus efficace;

3° Là où ce procédé n'est pas applicable, la recherche et le ramassage des œufs par les habitants, moyennant une rémunération proportionnelle fournie par l'État;

4° La destruction des jeunes sujets avant qu'ils ne soient ailés et n'aient émigré, destruction qui peut s'opérer de diverses façons : par l'incendie des prairies ou des champs infectés; par l'écrasement; par l'emploi de filets, d'engins et d'appareils collecteurs, fixes ou mobiles; par l'usage d'agents chimiques, parmi lesquels le goudron de charbon (*coaltar*) a été expérimenté avec le plus de succès, etc. Quelques-uns de ces procédés ont une grande efficacité, suivant l'opportunité et suivant le degré d'intelligence avec lequel ils sont appliqués. Des fermiers ont ainsi ramassé des centaines de boisseaux de jeunes sujets dans une saison : M. Howe, fermier dans le comté de Mc Leod (Minnesota), en a recueilli 800 boisseaux; et M. Lowe, son voisin, 400 boisseaux dans la seconde quinzaine de juin. Dans certains comtés, grâce à une initiative vigoureuse, le fléau a pu être presque neutralisé par la simultanéité des efforts et par la coopération des intéressés; on a vu, en 1876, 27 comtés du Minnesota déclarer la guerre en même temps aux sauterelles sous la direction immédiate du gouverneur Pillsburg, qui a avancé aux fermiers 10,350 dollars pour achat de matériel, huile de charbon, tôle de fer, etc., moyennant engagement de remboursement; l'argent remboursé, comme il avait été convenu, a été restitué ensuite aux fermiers par l'État, qui a voulu prendre ces dépenses à sa charge : excellent placement, en vérité, car des millions de dollars de propriétés ont été ainsi sauvés d'une destruction imminente.

A côté de ces efforts louables, nombre de localités restent dans une inertie funeste en face du fléau qui apporte la dévastation et la ruine, ce qui a fait dire très justement au gouverneur Pillsburg, dans son message de 1878 à la législature de l'État : « On ne saurait trop insister sur l'avantage de la coopération, et une législation la rendant obligatoire devrait être partout adoptée. On rencontre partout des gens qui s'obstinent à ne rien faire pour empêcher les ravages des sauterelles. Ces indifférents attirent la ruine non seulement sur eux-mêmes, mais encore sur leurs voisins moins apathiques, et toute loi sera bonne qui obligera tout homme valide à travailler un jour au plus, soit dans l'automne à détruire les œufs, soit au printemps à tuer les jeunes insectes, au moment précis qui sera désigné par les conseillers communaux, à la requête d'un nombre déterminé de citoyens, sous des conditions semblables à celles prescrites par les lois concernant l'entretien des routes. »

Des lois de ce genre existent dans plusieurs États : dans le Missouri, le Kansas, le Minnesota, le Nebraska, etc.; et, de plus, dans la plupart des localités, une prime est payée pour le ramassage des insectes, généralement à raison de 1 dollar par boisseau ou approchant. Cette prime est un puissant encouragement pour les gens de la campagne, qui ont de plus l'avantage d'utiliser leur butin pour la nourriture des porcs et de la volaille.

Une notice, publiée à ce sujet par le Commissaire de l'agriculture dans son rapport de 1877-1878, se termine par des conclusions auxquelles sont empruntées les pages suivantes :

« Nous pensons qu'avec une bonne organisation les fermiers pourraient être protégés contre l'invasion dans le cas où les insectes seraient trop nombreux pour qu'il fût possible de les combattre isolément. Nous devrions avoir, dans de tels cas, un corps d'observation qui surveillerait les mouvements des essaims et avertirait les fermiers du danger menaçant. Il n'y a pas de raison pour que la communauté agricole ne soit pas informée, à l'automne, de la quantité des œufs pondus et des endroits où ils sont déposés, ou bien pourquoi, au printemps suivant, ils ne recevraient pas des instructions qui leur permissent de prendre les précautions les plus à leur portée. Puis, quand les insectes commenceraient à émigrer, leurs mouvements seraient communiqués aux intéressés par le bureau des signaux (*Signal Bureau* annonçant les grandes perturbations atmosphériques). L'information devrait être précise, complète et prompte. Ces mouvements peuvent être considérés comme ceux d'une tempête, et les populations devraient en être averties à temps pour se mettre en garde contre les conséquences qui pourraient les atteindre. Les *locust probabilities* (probabilité d'invasion de sauterelles) sont de beaucoup plus d'importance pour les peuples de l'Ouest que les probabilités du temps (*weather probabilities*) que les bureaux de signaux servent à indiquer, et l'idée de les télégraphier dans les districts agricoles ne nous paraît pas aujourd'hui moitié aussi chimérique qu'il aurait semblé, il y a quelques années, d'être averti d'avance des phénomènes atmosphériques.

« Ces précautions adoptées, les fermiers pourraient combiner un plan général de défense contre l'invasion possible. La paille, qu'on laisse actuellement pourrir sur le sol après le battage, pourrait être utilisée. Elle devrait être relevée en petites pyramides à chaque coin des champs, jusqu'à ce que les sauterelles descendissent sur le pays. Alors les fermiers d'un village, d'un comté ou d'une plus grande circonscription allumeraient simultanément toutes ces pyramides, en ayant soin d'y entretenir une certaine humidité pour ralentir la combustion et augmenter le volume de la fumée; la fumigation ainsi combinée détournerait le vol des insectes, en tout ou en partie, suivant que la colonne d'invasion serait plus ou moins étendue.

« Pour conclure, nous croyons premièrement que la dépense de quelques milliers de dollars et une coopération intelligente seraient largement rémunérées par l'immense importance des intérêts à préserver. Avec un Département de l'agriculture libéralement soutenu par le Congrès, avec l'aide du Département de la guerre, du *Signal Bureau*, de l'Administration de la poste, du Département indien, le plan pourrait parfaitement être réalisé avec le maximum de frais possible.

« Nous pensons secondement que là où l'insecte ne peut pas être arrêté dans son foyer de développement, nos fermiers des sections où la colonisation est la plus dense peuvent, par la fumigation sur une grande échelle, détourner, dans une certaine mesure, la marche de l'invasion, en obligeant les insectes à se rejeter sur les espaces incultes.

« Il appartient au Congrès de peser mûrement ces questions d'une importance vitale pour notre État agricole. Le danger est que la majorité de nos représentants et de nos sénateurs à Washington, appartenant à des circonscriptions qui ne sont jamais troublées par ce fléau et qui par conséquent ne peuvent avoir une conception exacte de l'étendue de ses dévastations, ne se rende pas suffisamment compte de l'importance du sujet. »

LE SCARABÉE DE LA POMME DE TERRE (*COLORADO POTATOE BEETLE*).

L'invasion progressive, lente et fatale de cet insecte, parti, comme la sauterelle, des montagnes Rocheuses, il y a vingt ans environ, peut se suivre pas à pas jusqu'au moment où il a atteint le littoral Atlantique, puis, finalement, franchi l'Océan pour se répandre en Europe.

Originaire des grandes plaines du Colorado, il s'était avancé, en 1859, dans sa marche vers l'Est, jusqu'à environ 100 milles d'Omaha, dans le Nebraska. Il parut dans le Kansas et l'Iowa en 1861, et, de là, il n'a cessé de se propager dans la direction du Nord et de l'Est, avec une vitesse presque régulière de 70 milles par an. En 1873, il avait atteint l'extrême limite orientale de l'État de New-York, en même temps qu'on le signalait dans le district de Colombie, suivant le rapport annuel du Département de l'agriculture pour août et septembre 1873. Enfin, à partir de 1874, il envahit successivement tous les États du littoral Atlantique (Massachusetts, Connecticut, New-Jersey, Pensylvanie, Delaware, Maryland, Virginie, etc.). On pense généralement, d'après les faits observés, dans la Nouvelle-Angleterre particulièrement, que la diffusion du scarabée du Colorado, et généralement des insectes nuisibles voyageant de l'Ouest à l'Est, a été accélérée par les transports de fret dans cette direction, les chemins de fer établissant un courant permanent de circulation à travers les forêts et les rivières, qui opposent des barrières naturelles à la migration des insectes.

On connaît maintenant en Europe, malheureusement, les caractères et les ravages du parasite de la pomme de terre; il est donc inutile de le décrire ici. Ce qu'il importe, c'est d'indiquer, au moins sommairement, les moyens employés en Amérique pour le combattre.

On signale divers insectes qui lui font une guerre très destructive et surtout une espèce de *Lydella* (*L. Doryphora*) qui en fait une consommation considérable.

« Cette mouche, dit M. Riley, a détruit 10 p. o/o de la première éclosion et 50 p. o/o de la troisième des insectes qui infestaient ma plantation de pommes de terre. Elle ressemble beaucoup, comme couleur et dimension, à la mouche commune des habitations; mais elle s'en distingue facilement par l'éclat argenté de la face. »

Il est très bien de connaître les agents naturels qui se font les auxiliaires de l'homme, afin de les protéger autant que possible; mais ces agents ne lui fournissent qu'une aide précaire et insuffisante, et il doit surtout compter sur luimême pour la sauvegarde de ses biens. Aussi une multitude d'expériences ontelles été faites, sur toute la surface des États-Unis, pour prévenir le mal ou y remédier. Mais, après toutes les études et toutes les expériences possibles, les savants et les praticiens sont tombés d'accord sur un fait : c'est qu'il n'existe, en réalité, que deux moyens efficaces, non de prévenir entièrement, mais d'atténuer les ravages de la *potatoe bug* ou *beetle;* le premier est la recherche et la capture de l'insecte à la main, le second est l'empoisonnement par le vert-de-gris.

« Le procédé le plus sûr et le seul même, dit une notice publiée par le *Board of Agriculture*, est la chasse à la main. Aussitôt après la ponte, il faut rechercher les œufs en dessous de la feuille, et celle-ci doit être arrachée et brûlée. La chenille et l'insecte parfait doivent être de même poursuivis sans relâche. Un correspondant de *la Tribune* de New-York écrivait en 1877 : « Du 7 juin « au 17 août, j'ai pris et tué plus de 18,000 insectes (18,802) à l'état par- « fait, sans compter les œufs et les larves, sur moins d'un quart d'acre de « pommes de terre, en sorte que pas un pied n'a perdu ses feuilles. »

On pourrait citer par milliers les témoignages de ce genre.

En réalité, il y a des avis contraires, mais qui s'appuient uniquement sur le coût de la main-d'œuvre et, par suite, sur la difficulté d'épuiser les insectes d'un champ sans dépenser plus d'argent que n'en vaudrait la récolte; mais cette appréhension n'est vraie que dans une certaine mesure. Il est démontré par des faits parfaitement constatés que l'opération étant bien conduite et poursuivie régulièrement par la coopération intelligente de la population, et particulièrement des enfants d'un village, une récolte peut être entièrement sauvée sans que la dépense excède 5 p. o/o par boisseau.

Seulement la coopération est indispensable, car on entreprendrait un travail de Pénélope si l'on prétendait nettoyer un champ tandis que les champs voisins resteraient infestés. Les agronomes réclament des lois obligatoires sur ce sujet, mais jusqu'ici ils n'ont point obtenu l'appui demandé des législatures.

En cas d'insuffisance ou d'impossibilité, faute de personnel, de la chasse à la main, pour sauver entièrement une récolte, il est indispensable de recourir à l'empoisonnement par le vert-de-gris, qu'on appelle ici *Paris green*, système très efficace, peu dispendieux, et qui n'a d'autre inconvénient que d'inspirer des préventions et des appréhensions. Le commun des cultivateurs en général a peur de manier cette substance, quoiqu'elle puisse être employée sans danger si elle est manipulée avec précaution. Beaucoup de gens aussi craignent que le principe vénéneux ne s'infiltre dans le tubercule, bien que les feuilles seules en soient touchées et que le vert-de-gris ne puisse pas être absorbé dans l'organisme de la plante. Il n'y a d'ailleurs pas d'exemple d'inconvénients ayant l'une ou l'autre de ces origines. La manière d'appliquer le vert-de-gris est des plus simples : on le mêle aussi parfaitement que possible soit avec de la farine de qualité inférieure, soit avec du plâtre tamisé fin, dans la proportion d'une partie sur vingt. Le mélange est renfermé dans un linge clair que l'on attache à l'extrémité d'un bâton de deux à trois pieds de long. On promène cette espèce de poche d'une main au-dessus des plantes à saupoudrer et de l'autre main on en fait sortir la poussière en la frappant avec une baguette. On peut aussi se servir d'une boîte percée de trous, telle qu'une poivrière, etc., ou de tout autre appareil propre à répartir également la poudre insecticide. Il n'est pas nécessaire qu'il y en ait une grande quantité; la plus mince parcelle sur une feuille suffit pour opérer à coup sûr la destruction de l'insecte qui l'attaque, attendu qu'il ne s'en détache plus avant de l'avoir entièrement dévorée. La farine est préférable au plâtre, parce qu'elle adhère davantage au feuillage, et que, si elle a été appliquée le matin, quand la plante est encore humide de rosée, elle ne s'en sépare plus, à moins d'une forte pluie prolongée.

En dehors de ces moyens de destruction pratiques, les théoriciens ont suggéré divers procédés dont l'épreuve n'a pas généralement donné les résultats attendus.

En résumé, il résulte des expériences faites sur divers points, des observations recueillies et des opinions exprimées par les autorités les plus compétentes, que la chasse à la main et l'empoisonnement par le vert-de-gris sont les seuls procédés d'extermination qui soient réellement efficaces contre le scarabée de la pomme de terre.

Les conclusions suivantes sont empruntées à un mémoire lu à l'*Exposition agricole* de Worcester (Massachusetts), en 1877, par le président Chatbourne, résumant toute la théorie de protection :

« Il est évidemment plus urgent que jamais de cultiver avec le plus grand soin, afin de faire produire la plus grande quantité possible de pommes de terre à l'acre. Il n'y a pas de profit à ensemencer des terres étendues pour en tirer une mince récolte. Cependant il faut se rappeler que tout engrais tendant à produire des tiges et des feuillages abondants rend plus difficile la lutte contre les insectes. Les pommes de terre doivent être plantées à intervalles un peu plus éloignés que d'habitude, et il faut employer des engrais qui ne provoquent pas une excessive végétation extérieure.

« Finalement, pour conclure :

« 1° Plantez dans votre champ quelques pommes de terre aussi hâtives que possible, et détruisez les insectes au fur et à mesure qu'ils y apparaissent;

« 2° Pour la récolte principale, plantez à bonne distance et amendez le sol avec des cendres ou avec tels engrais qui ne poussent pas à la croissance des fanes;

« 3° Lorsque les pommes de terre sont levées, passez une fois par semaine dans les rangs de la plantation jusqu'à l'époque de la floraison, et enlevez les insectes, les larves et les œufs à mesure qu'ils se produisent;

« 4° Si, par une raison quelconque, les insectes ne peuvent pas être ramassés à la main, employez le poison jusqu'à anéantissement complet, sinon pour conserver votre récolte, au moins pour protéger celles des autres;

« 5° Si malfaisant que soit le parasite des pommes de terre, rappelez-vous qu'aucun autre insecte nuisible ne peut plus sûrement être tenu en sujétion et détruit; que ceux qui veulent cultiver des pommes de terre peuvent le faire moyennant une dépense qui n'augmentera pas de plus de 5 cents (26 centimes) le prix de chaque boisseau, en dépit des bêtes et de leurs alliés les fermiers indolents qui les nourrissent;

« 6° N'attendez pas que la seconde génération apparaisse pour essayer de prouver que la chasse à la main serait impuissante devant une telle armée : cela est démontré d'avance, et il est inutile de perdre le temps en paroles;

« 7° Si vous n'êtes pas bien résolu, quand vous pensez à planter des pommes terre, à détruire à la main ou par le poison tout insecte qui se montrera sur votre plantation jusqu'au dernier, alors vous ferez au moins acte de bon sens et de bon voisinage en vous abstenant de planter du tout. »

L'ARMY WORM (*HELIOPHILA UNIPUNCTA*).

Bien que l'insecte connu sous le nom d'*Army worm*, probablement parce qu'il apparaît en troupes formidables, cause des ravages moins étendus et moins fréquents que les sauterelles et le scarabée des pommes de terre, il n'en a pas moins, à diverses époques, attiré très sérieusement l'attention des agriculteurs et des savants. D'après le second rapport de M. C.-L. Flint sur l'agriculture du Massachusetts (1877), on a sur cet insecte des observations remontant jusqu'à 1743, où il est dit qu'il y avait « des millions de vers (*worm*) formant des armées dévorantes qui menaçaient de raser tout ce qu'il y avait de verdure ». En 1770, ils couvraient toute la Nouvelle-Angleterre de leurs phalanges innombrables. On n'avait jamais rien vu de pareil auparavant. Les parois et les toits des maisons disparaissaient sous leurs couches épaisses. Les pommes de terre, les vignes, les pois, ont échappé à leurs ravages, mais le blé et le maïs sont tombés devant eux comme sous la faux. Les champs de maïs des campagnes de Haverhill et de Newbourg, si épais qu'un homme ne s'y voyait pas à cinq pas, ont été entièrement dépouillés en dix jours par l'armée du Nord. On a creusé des tranchées d'un pied de profondeur autour des champs, mais elles ont été entièrement comblées et des millions d'insectes passant sur le corps des premiers ont envahi des champs pour lesquels avait été prise cette précaution inutile. Vers le 1er septembre, les vers ont soudainement disparu sans que l'on sût ce qu'ils étaient devenus. Où et comment s'est terminée leur carrière? On l'ignore, car on n'a pas retrouvé un seul cadavre..... Sans les pommes de terre et les citrouilles, le peuple aurait été affamé.

L'invasion s'est renouvelée en 1781, 1790 et 1817, mais en colonnes moins compactes; ce n'est qu'en 1861 qu'elle a repris des proportions réellement désastreuses. Elle s'est manifestée d'abord dans les champs de blé des États de l'Est, et elle a étendu ses ravages dans toute la région du Nord et dans la partie moyenne des États-Unis, depuis la Nouvelle-Angleterre jusqu'au Kansas. Cette année (1861) est restée célèbre comme année à *Army worm*.

L'insecte se retrouve chaque printemps en divers endroits dans les mois d'avril et mai; mais ce n'est qu'exceptionnellement qu'il multiplie et foisonne au point de devenir un fléau. Il affectionne particulièrement les terres basses et les prairies marécageuses. Il a été constaté qu'ordinairement les grandes années à *Army worm* sont des années humides, précédées d'une ou plusieurs années de grande sécheresse.

L'année 1875, qui a été une des plus calamiteuses, n'a pas fait exception à la règle. Il est aussi remarquable que le plus souvent, avant une invasion générale, on a constaté dans l'année, ou dans les deux années précédentes, la présence de l'insecte en grand nombre dans des localités isolées.

L'*Army worm* est souvent difficile à distinguer des autres espèces, notamment du *Clisiocampa Americana*, qui lui ressemble beaucoup à une certaine période de son développement. Sa couleur générale, quand il a acquis toute sa croissance, est d'un noir terne, avec des rayures longitudinales. Mais, avant d'arriver à cette période, il passe par diverses transformations qui le rendent presque méconnaissable. Généralement le vert domine jusqu'à ce que l'insecte ait atteint un demi-pouce de longueur, et des lignes longitudinales, qui sont un caractère constant, bien que parfois très pâles, le font seulement reconnaître. La chrysalide est d'un brun acajou brillant, avec deux cornes raides et convergentes, terminées par deux crochets recourbés. Le papillon est d'un brun fauve et est particulièrement caractérisé par un point blanc dont il tire son nom et qui est placé à peu près au milieu de ses ailes extérieures, sur lesquelles existe aussi une ligne oblique de couleur sombre partant des extrémités et se rapprochant au sommet. On croit que la ponte a lieu vers la fin d'avril.

L'*Army worm* a de nombreux ennemis naturels, et il est possible que ce soit principalement cette cause qui restreigne sa multiplication au point qu'elle devient un fléau seulement dans des années exceptionnelles de fécondité. Les chiens, les poules et les dindons lui font une guerre acharnée et s'en repaissent parfois avec une gloutonnerie qui leur est funeste à eux-mêmes. Un grand nombre de scarabées chasseurs en font une consommation considérable, sans compter des parasites spéciaux, comme chaque espèce a le sien ou les siens. Parmi les scarabées, on cite particulièrement: le *Passamachus elongatus*, le *Harpatus calignosus*, le *Calosoma calidum* et le *Calosoma scrutator*.

Les remèdes artificiels conseillés aux agriculteurs sont de même ordre que ceux employés pour combattre les sauterelles, le parasite de la pomme de terre, etc.: l'incendie des prairies et des chaumes; le creusement de fossés, inondés s'il est possible, autour des champs menacés, où les insectes sont enterrés et écrasés une fois qu'ils y sont accumulés; les aspersions d'huile de charbon, enfin, pour dernier recours, l'empoisonnement par le vert-de-gris, employé soit en mélange avec 25 ou 30 parties de plâtre, soit sous forme liquide, à raison d'une cuillerée à bouche pour un seau d'eau. Dans ce cas, il y a des précautions à prendre pour éloigner les autres animaux qui pourraient courir le danger d'être empoisonnés.

LE PHYLLOXERA (PHYLLOXERA VASTATRIX).

L'Amérique n'a, malheureusement, rien à apprendre à la France sur le fléau de la vigne. Aussi suffira-t-il de reproduire les dernières observations consignées dans le dernier rapport de l'entomologiste du Département de l'agriculture pour l'année 1878-1879 :

« Diverses expériences et observations relativement à cet insecte ont été faites par moi dans le cours de l'année, mais il faudra quelque temps encore pour les compléter.

« Le fait qu'environ 280 tonnes de raisin de Californie ont été reçues hebdomadairement et vendues sur les marchés de Philadelphie pendant la dernière saison atteste suffisamment que les intérêts viticoles du pays prennent chaque jour plus d'importance, et il doit servir d'encouragement pour les vignerons de la vallée du Mississipi, malgré quatre mauvaises saisons consécutives. Il y a une chose certaine, c'est que l'intérêt manifesté à l'étranger pour les vignes américaines ne se ralentit pas. Ces vignes sont constamment discutées dans les journaux agricoles étrangers, et une publication périodique, la Vigne américaine, y est entièrement consacrée. C'est pour moi une source de satisfaction que les variétés que j'ai le premier recommandées il y a sept ans soient en général, encore recherchées et employées par les Français victimes du phylloxera, comme souches pour greffer leurs boutures. Il est intéressant aussi de remarquer que mon opinion, exprimée dans le septième rapport du Missouri, pages 108-116, relativement à la greffe au-dessus du sol, est justifiée par l'expérience faite depuis quelques années en France. Les craintes que j'ai exprimées dans le même rapport touchant les dangers de l'introduction et de la propagation du phylloxera en Californie n'ont été aussi que trop justifiées, car beaucoup de vignobles ont déjà été sérieusement atteints et même entièrement détruits par cet insecte. Je suis heureux de pouvoir confirmer, à ce propos, la vérité de l'assertion de M. P.-J. Berckmans, d'Augusta (Georgie), que le phylloxera n'a pas paru dans cette localité. Ayant eu occasion de passer quelques jours avec lui en septembre dernier, j'ai été, en effet, à même de constater que le pays était tout à fait indemne.

« On a souvent dit que le phylloxera n'existait pas aux environs de Washington; cependant je l'ai trouvé en très grande abondance dans les vignobles du district de Colombie et dans ceux de la Virginie y confinant, quelques-uns de ceux-ci étant ravagés à ce point que la vendange était entièrement perdue, bien que les propriétaires ne connussent pas la cause du désastre.

5.

« Après avoir passé en revue, dans le huitième rapport du Missouri, tout ce qui était alors connu des habitudes et de l'histoire naturelle du phylloxera, j'ai déduit certaines conclusions, celle-ci notamment : que ces notions, loin de simplifier la question de la destruction de l'insecte, démontraient qu'il n'y avait pas à espérer de le détruire par aucun procédé pratique et qu'il y avait d'autant plus d'urgence à s'occuper des moyens préventifs. J'ai exprimé des doutes sur l'efficacité de la décortication des ceps, sur le brûlement de l'écorce en hiver ou sur tout autre moyen de tuer les œufs d'hiver sur les branches des vignes. Des recherches attentives n'ont point révélé la présence de ces œufs d'hiver en quantité approchant de ce qu'on pouvait attendre, et le fait est resté que l'insecte peut continuer à se propager sous terre pendant quatre ans sans que l'œuf soit nécessairement fécondé.

« Des recherches ultérieures me confirment dans la croyance que le mode normal d'hivernage de l'espèce est sous forme de jeune larve attachée aux racines. D'après les résultats des délibérations qui ont eu lieu au *Congrès international du phylloxera* tenu à Lausanne en 1877, et à ceux tenus en 1878 à Berne et à Montpellier, il a été péremptoirement prouvé que la décortication (je l'avais prévu) ne donnait que peu ou point de résultats. »

Le seul fait réellement intéressant dans cette note, c'est la constatation officielle de la propagation du phylloxera en Californie. Ce fait est confirmé par les lignes suivantes, qui terminent un chapitre du rapport du Commissaire de l'agriculture (1878-1879) sur le sol, les productions, etc., du littoral du Pacifique :

« L'importation de nombreuses variétés de vignes d'Europe devait aboutir à l'introduction de leur formidable ennemi le phylloxera; mais on doit s'étonner de l'indifférence avec laquelle ce fait, bien constaté aujourd'hui, est regardé par la majorité des viticulteurs, même dans les districts où l'insecte a déjà montré sa puissance destructive. Cela est dû en grande partie à la circonstance, aussi heureuse qu'imprévue, que le progrès du fléau a été remarquablement lent, quoique évidemment non moins sûr, comparativement avec sa rapide propagation en Europe. Il semble, par conséquent, qu'il soit possible de l'arrêter ou peut-être même de le faire entièrement disparaître par des précautions opportunes. Mais rien de tel n'a été fait jusqu'ici, et la pénalité de cette exigence s'est déjà sévèrement imposée dans la vallée de Sonoma, qui est la région la plus éprouvée. La Sonoma-Mountain semble avoir opposé une barrière infranchissable à la transmission de l'insecte à la vallée de Napa. On a aussi annoncé son apparition dans d'autres localités, mais on ne parle pas jusqu'à présent de dommages notables.

« Des autres fléaux de la vigne, l'oïdium et une sorte de chancre noir sont les principaux; mais, en somme, le mal est généralement limité à des localités isolées et facilement tenu en échec, et l'on peut dire avec vérité que pour la vigne, comme pour la race humaine, le climat de la Californie est exceptionnellement clément. »

L'OÏDIUM [1].

Ainsi que le phylloxera, l'oïdium est familier aux vignerons français; il est probable même que toutes les notions américaines sur cette maladie de la vigne sont puisées dans l'expérience française.

Le soufrage est le seul remède en usage ici. Cependant le *Prairie Farmer*, de Chicago, a publié, dans son numéro du 16 août 1877, l'avis suivant, qu'il n'est peut-être pas inutile de reproduire :

«A une récente réunion de l'Académie des sciences de San-Francisco, le docteur Arthur W. Lane, de Santa-Clara, a rendu compte d'une série d'expériences faites par lui depuis quelques années et tendant à démontrer qu'une solution de sulfate de cuivre tamisée ou seringuée sur les ceps, juste au moment de l'épanouissement des bourgeons, est de beaucoup préférable au soufre pour prévenir l'oïdium, étant meilleur marché et plus facile à appliquer. Il n'a jamais vu apparence d'oïdium dans aucune des saisons où il a eu recours à ce procédé, mais, une année qu'il avait négligé de l'employer, ses vignes en ont été gravement affectées.»

LE CHINCH BUG (*BLISSUS LEUCOPTERUS*).

Cet insecte est probablement le plus dangereux ennemi que les producteurs de blé aient à redouter. Il a été décrit pour la première fois, en 1831, par le célèbre entomologiste Thomas Say, sous le nom de *Lygocus Leucopterus*. Dix-neuf ans plus tard, le docteur Le Baron, ignorant que l'espèce eût déjà été décrite, l'a nommé *Rhypasochromus devastator* et en a donné la description suivante dans le *Prairie Farmer* de 1850 :

«Longueur, 1 ligne 2/3 ou 3/20 de pouce ; corps noir, couvert d'un très fin duvet grisâtre, non visible distinctement à l'œil nu; articulation de la base des antennes, jaune miel; seconde articulation de même, noire à l'extrémité; troisième et quatrième articulations, noires; la trompe brune; les ailes blanches, noires à leur insertion, avec deux lignes irrégulières, noires vers le milieu et une tache marginale noire et bien visible; pattes jaune miel foncé; articulation terminale et griffes noires.»

Suivant le docteur Finch, le *Chinch bug* a été signalé pour la première fois vers 1783, dans la Caroline du Nord, où il a fortement endommagé les blés. En 1809 il y a causé de grands ravages; en 1839 il a atteint le maximum de sa multiplication dans le même État et dans la Virginie. On l'a constaté vers la même époque dans l'Indiana, dans l'État de New-York et dans le Massachusetts. Enfin il s'est propagé sans limites et dans des proportions toujours croissantes; on le trouve partout et à certaines périodes il se répand par myriades, causant des dommages irrépressibles.

C'est surtout dans les saisons sèches que le *Chinch bug* foisonne d'une ma-

---

[1] *Mildew* en anglais.

nière désastreuse. Il apparaît généralement vers la fin de juin. Si rapide est sa multiplication qu'en quelques jours des champs entiers en sont infestés, chaque tige étant plus ou moins attaquée. Il appartient à la classe des insectes suceurs et se repaît du suc des végétaux, dont il cause ainsi le complet épuisement. Quand le blé est trop desséché pour lui fournir un aliment suffisant, on le voit abandonner le champ qu'il a d'abord envahi et fourmiller sur le sol à la recherche d'une autre pâture. Faute de blé, il se rabat sur les avoines, le maïs et le trèfle. Le maïs est trop dur pour en être d'ordinaire sérieusement endommagé; cependant, dans certaines saisons, on en voit des champs entiers noircis, tiges et feuilles, et des espaces considérables couchés et fuligineux, comme si le feu y avait passé.

L'invasion est parfois si soudaine, si impétueuse et si compacte, qu'on ne connaît aucun moyen de la prévenir ou de l'arrêter. Mais alors aussi, par une admirable prévoyance de la nature, il arrive souvent qu'elle disparaît aussi soudainement qu'elle a apparu, grâce à la production simultanée d'un parasite spécial qui s'attache à chaque insecte et fait de tels ravages dans la fourmilière que la masse en est très sensiblement réduite. Cela n'est pourtant qu'un palliatif très insuffisant et qui d'ailleurs n'est pas constant. Le fait suivant est cité dans le *Rapport de la Société entomologique de la province d'Ontario* (1871) :

«En passant dans un champ d'orge ou les *Chinch bugs* étaient à l'œuvre depuis plus d'une semaine, je les ai trouvés marchant en colonne serrée vers un champ de maïs situé de l'autre côté d'un chemin, en tel nombre que je fus presque effrayé de lancer mon cheval à travers la bande. A cet endroit il y avait plusieurs charrettes stationnées pour réparer la route : en un instant les insectes couvrirent les hommes, les chevaux, les outils, et il fallut absolument abandonner l'ouvrage pour la fin de la journée. Dix acres de maïs furent dévastés jusqu'au sol avant que les tiges fussent assez dures pour arrêter les ravageurs. Un autre corps d'armée traversa un champ de blé contigu à ma ferme, mais ne s'y arrêta pas; puis il franchit un marais de cinquante pieds et mit à sac un lot de 16 acres de sorgho, quoique la canne commençât seulement à se franger. Du blé au sorgho il y avait au moins 60 rods (900 pieds). La marche de la colonne était dirigée par je ne sais quelle loi, mais apparemment par aucune autre que la faim et l'instinct qui la portait là où il y avait un aliment de son goût. Étant occupés à aider un voisin plus heureux qui moissonnait un champ ensemencé de bonne heure, nous trouvâmes les *Chinch bugs* envahissant sa propriété en nombre tel qu'ils faillirent forcer toute la famille à la retraite. Maison, grange, écurie, la margelle du puits, les arbres, les clôtures, tout était couvert d'une masse grouillante et puante. Dedans et dehors tout était infesté et infecté. Un seul jour a suffi pour faire disparaître jusqu'au dernier vestige de la migration.»

On pourrait multiplier les exemples de ce genre à l'infini, mais on se fera une idée plus exacte des déprédations du *Chinch bug* par des chiffres. Les suivants sont empruntés au rapport du docteur Le Baron pour l'État de l'Illinois :

«Afin d'obtenir une idée aussi correcte que possible du montant des pertes imposées à nos fermiers par les déprédations de cet insecte dans le courant de l'année dernière (1871), tant dans cet État que dans ceux du Nord-Ouest, j'ai fait les calculs suivants, nécessairement approximatifs, hypothétiques même, mais basés sur les statistiques officielles et aussi exacts que possible.

«Prenant pour guide les relevés du Département de l'agriculture, nous devons admettre que le rendement annuel en blé, dans l'État de l'Illinois, est actuellement de 30 millions de boisseaux [1]; celui de l'avoine, 40 millions de boisseaux [2]; et celui du seigle, 3 millions de boisseaux [3].

«La superficie sérieusement ravagée par les insectes comprenait à peu près le tiers de l'État. Cette section doit porter son tiers proportionnel du blé et de l'avoine, et au moins la moitié du seigle. Cela donnerait en produits, pour la portion ravagée par les *Chinch bugs*, 10 millions de boisseaux de blé, plus de 13,300,000 boisseaux d'avoine et 1,520,000 boisseaux de seigle. La proportion de la destruction ayant été des trois quarts du blé et de l'avoine et d'un tiers du seigle, la perte probable revient à 7,500,000 boisseaux de blé, 500,000 boisseaux de seigle, et, en nombre rond, 3,300,000 boisseaux d'avoine.

«Si nous voulons faire une évaluation de cette perte en argent, en mettant le blé à 1 dollar le boisseau, le seigle à 50 cents et l'avoine à 25 cents, nous trouvons que le dommage total ne s'élève pas à moins de 8,500,000 dollars pour le tiers central de l'Illinois, sans compter le maïs et les autres grains au nord de la zone moyenne. Bien qu'ici les bases soient moins fixes, nous pouvons, sans crainte de nous tromper de beaucoup, ajouter un quart au chiffre ci-dessus, en sorte que nous avons, pour l'État de l'Illinois, une perte de plus de 10 millions de dollars! Supposons un chiffre pareil pour les deux États de l'Iowa et du Missouri réunis, et autant pour les quatre États réunis de l'Indiana, du Kansas, du Nebraska et du Wisconsin, nous trouvons en une année, pour les États du Nord-Ouest, une perte de plus de 30 millions de dollars causée par cette seule espèce d'insectes!»

On n'a point constaté, depuis cette année funeste de 1871, de dévastations aussi colossales, bien qu'aucune année n'en ait été exempte et que certaines régions limitées aient été littéralement saccagées, le comté de Cumberland, par exemple, dans l'Illinois, qui a été plus complètement dépouillé en 1875 qu'il ne l'avait jamais été. Depuis le milieu de juillet jusqu'aux gelées, et même après les gelées, on a trouvé des *Chinch bugs* à tous les degrés de développement.

Il n'y a pas, comme il a déjà été dit, de remèdes connus qui soient réellement efficaces contre ce fléau. Voici ce que dit à ce sujet le professeur Washburne de l'*Ewing College*, comté de Franklin (Illinois) :

«Diverses mesures ont été tentées pour arrêter les ravages du *Chinch bug*,

[1] 31,620,000 boisseaux en 1878-1879.

[2] 56,294,790 boisseaux en 1878-1879.

[3] 2,511,000 boisseaux en 1878-1879.

mais aucune n'a donné de résultats tout à fait satisfaisants. Des fossés creusés sur le passage des colonnes en marche avant la pousse des ailes ont parfois arrêté les migrations. Le procédé est celui-ci : on répand une couche de quelques pouces d'épaisseur de terre bien sèche et finement pulvérisée au fond d'une tranchée de 18 pouces de large sur 1 pied de profondeur. Les insectes, après y être descendus, ne trouvent plus de point d'appui solide pour remonter; ils s'empêtrent dans la poussière et s'accumulent quelquefois jusqu'à combler le fossé. Alors on traîne sur ces corps entassés une forte poutre à surface lisse et on en détruit des myriades. Cet écrasement, sous les rayons d'un soleil ardent, répand une odeur infecte et exhale des miasmes putrides, mais il y a de grandes chances pour que la récolte soit sauvée au moins en partie. »

Le professeur Ross, de la même institution, qui a fait une étude spéciale des *Chinch bugs*, dit ce qui suit dans une communication au Département de l'agriculture :

« ..... Il y a un accroissement constant dans le nombre de ces insectes depuis quelques années. Quand nous desséchons et cultivons nos prairies humides, quand nous défrichons nos forêts, quand nos bas-fonds, nos marais, nos plaines marécageuses, sont convertis en riches pâturages par des drainages savamment combinés, il résulte de ces transformations une destruction considérable de batraciens de toute sorte et surtout de nombreuses variétés de grenouilles. La grenouille ne cause aucun dommage au fermier, au contraire, elle vit de larves et d'insectes; elle consomme notamment une quantité énorme de *Chinch bugs*, et l'extermination qui s'en fait par le desséchement des mares, des étangs, des réservoirs où elle vit, a pour résultat la multiplication infinie de ces engeances par suite de la destruction de leurs ennemis naturels.

« Un autre ennemi des *Chinch bugs*, ce sont les oiseaux insectivores, et malheureusement le nombre en décroît journellement. .....

« Enfin une foule d'insectes font incessamment la guerre aux *Chinch bugs* : les principaux sont les diverses variétés de coccinelles, la *Hippodamio maculata*, la *Coccinella munda*. La première est notre *bête-à-bon-Dieu* commune, de forme ovale, d'un brun brique, avec deux points noirs sur le thorax et dix sur les élytres; l'autre est un peu plus petite, presque hémisphérique, de couleur jaunâtre, unie, sans aucune tache ou marque quelconque.

« On cite encore parmi les insectes ennemis des *Chinch bugs* une espèce de *Chrysopa*, le *Harpactor Cinctus*, et parmi les oiseaux, la caille commune, etc. [1]. »

L'entomologiste de l'État de l'Illinois termine une longue notice sur le *Chinch bug*, dans son rapport de 1878, par une série de conseils sur les moyens de se défendre contre le fléau. En voici quelques passages :

« Comme les insectes d'où doivent descendre les futures générations hivernent dans l'état parfait, il est évident que si on peut les détruire à cette

---

[1] L'oiseau auquel les Américains donnent le nom de *caille* (*quail*) n'a aucun rapport avec la caille d'Europe; c'est une sorte de petite perdrix.

époque, leur propagation sera arrêtée à la source. On ne doit pas perdre de vue qu'ils sont alors réduits au minimum et qu'ils sont au repos; que c'est, par conséquent, le moment pour les attaquer. Quand j'ai découvert leur mode d'hivernage, j'ai exprimé l'avis que le *brûlement* était le moyen le plus efficace que l'on pût employer. L'irrigation, partout où elle peut être pratiquée, donnerait aussi probablement de très bons résultats. »

Suit une série de conseils sur les moyens pratiques de prévenir le développement ou de limiter les ravages des *Chinch bugs*, moyens plus ou moins hypothétiques dans leurs résultats. Voici la conclusion de cette patiente et savante étude :

« En résumé, un fermage rationnel est ce qu'il y a de mieux dans tous les cas et un préservatif contre la multiplication des insectes. Par fermage rationnel nous entendons avant tout un fermage varié. Cultiver le même genre de récoltes sur d'immenses espaces, et cela pendant des années consécutives, contribue nécessairement à multiplier les insectes qui se nourrissent de cette espèce de récolte. Aussi longtemps que cette violation des lois naturelles, à laquelle nos fermiers professionnels ne sont que trop enclins, sera pratiquée comme elle l'est généralement, il faudra guerroyer contre des hordes toujours croissantes de créatures malfaisantes. Renversez le système, divisez les fermes et diversifiez les produits, et il sera beaucoup plus facile de tenir tête aux insectes nuisibles. Mais il est peut-être plus difficile de triompher de la routine et des préjugés que des fléaux qui nous sont envoyés pour nous éprouver. »

MALADIES DES ANIMAUX.

Dans la condition actuelle de l'art vétérinaire, presque à l'état négatif aux États-Unis, et aussi en l'absence de lois ou de règlements sanitaires d'une application générale, il n'est guère possible d'obtenir des données précises sur les maladies et la mortalité chez les animaux domestiques. Les autorités et les sociétés agricoles fournissent des statistiques tout à fait incomplètes et restreintes à certaines régions; c'est dans ces limites qu'il faut se borner à rechercher des indications ayant au moins le mérite de la certitude :

« C'est un sujet d'étonnement pour tous les gens réfléchis, dit le docteur N. H. Paarren, de Chicago, dans un discours prononcé au mois de septembre dernier devant le Congrès agricole de Rochester, que les Américains, avec la supériorité dont ils se vantent en d'autres matières d'intérêt national, soient si singulièrement arriérés dans cette branche essentielle de l'agriculture. La plus profonde ignorance relativement aux désordres affectant les animaux domestiques existe parmi les gens les plus intelligents, qui sont toujours à la recherche de remèdes et de spécifiques plus ou moins empiriques et charlatanesques, tandis que des mesures préventives seraient beaucoup plus efficaces en arrêtant la propagation de la plupart des maladies qui emportent des milliers et des milliers d'animaux précieux, au grand détriment des particuliers et de la nation. »

La morve et le farcin sont très répandus, beaucoup plus qu'on ne le suppose généralement, parmi les chevaux et les mules, dans les États et territoires de l'Ouest. Mais il n'existe point de dispositions législatives générales ou locales prescrivant aucune mesure pour en empêcher la propagation, ou, s'il en existe, elles ne sont point appliquées.

Il y a dans certains États de l'Ouest une maladie spéciale, inflammatoire et congestive, connue sous le nom de *Cattle fever* (fièvre des bestiaux) ou *Texas cattle fever*, qui est ordinairement engeudrée par le transfert des troupeaux des États du golfe au Nord pendant les mois d'été, en violation des lois qui défendent de telles migrations entre les mois de mars et d'octobre. Cette affection était à peu près inconnue des pathologistes il y a une dizaine d'années. Elle a fait depuis d'immenses progrès et elle cause des pertes incalculables. Elle n'est contagieuse au Nord que dans des circonstances exceptionnelles, mais elle l'est au premier chef sous les latitudes chaudes, et parfois, dans le trajet du Texas au grand marché de Chicago, des caravanes comprenant jusqu'à 100,000 têtes de bétail perdent en route un tiers de leur effectif. De nombreux procès en dommages et intérêts ont été en conséquence intentés par des fermiers et des éleveurs; mais, en réalité, il n'y aura de remède que dans des pénalités sévères donnant une consécration à la loi limitatrice, qui jusque-là restera à l'état de lettre morte.

Parmi les moutons, les maladies les plus fréquentes sont le tac ou fourchet, appelé en anglais *Foot rot*, et la gale, *scab*. Mais le plus grand fléau auquel ces animaux soient exposés, ce sont les loups et les chiens; les chiens surtout, tellement abondants et dangereux dans certaines régions que les fermiers renoncent à l'élevage des moutons, qui sans cette plaie serait la branche la plus rémunératrice de l'industrie agricole. Le Connecticut, qui possédait, il y a quelques années, 500,000 moutons, n'en a plus aujourd'hui que quelques milliers : tous les grands troupeaux ont disparu par suite de la multiplicité des chiens dangereux et de la très grande difficulté de garder les moutons de leurs attaques. Les frais de garde, d'une part, et, de l'autre, les ravages causés par les chiens absorbent les profits des éleveurs dans une telle proportion qu'ils renoncent à cette industrie.

En 1868, l'État de Massachusetts, qui faisait un grand commerce de laine, comptait 114,000 moutons et 112,000 chiens [1]. Il ne compte plus aujourd'hui que 55,000 moutons, et il n'y a pas apparence que les chiens y aient diminué, au contraire; et cependant le Massachusetts est un des États où les intérêts agricoles, aussi bien que les intérêts manufacturiers, sont protégés avec le plus de sollicitude. Il y existe des lois et des impôts sur les chiens, mais les lois ne sont pas observées et l'impôt n'atteint que les chiens recensés, c'est-à-dire un peu moins de 10 p. o/o de la totalité. En 1878 il y avait dans cet État environ 10,000 chiens taxés, et on évalue à 10,584 dollars la valeur des moutons qui y ont été tués par la race canine.

---

[1] Rapport de M. G.-L. Flint, secrétaire du *Massachusetts Board of Agriculture* (1878-1879).

D'autres fléaux, et en grand nombre, affectent les animaux d'élevage; mais les plus destructeurs sont certainement la *péripneumonie* des bêtes à cornes et ce qu'on appelle le *choléra des porcs* (*hog cholera*).

La péripneumonie est malheureusement connue en Europe, et il y a peu de chose à apprendre sur ce sujet; cependant il n'est peut-être pas inutile de faire connaître, par quelques citations, les opinions répandues ici sur la nature, l'étendue, le mode de propagation, les moyens de prévention, etc., de cette implacable maladie. Les lignes suivantes sont empruntées au récent discours, déjà cité, du docteur Paaren à Rochester :

« La péripneumonie contagieuse a, dans le cours de l'année dernière, grâce au Gouvernement britannique, appelé forcément l'attention des autorités américaines, et il a été pris quelques mesures utiles pour son extinction; cependant il n'a encore été passé par le Congrès aucune loi pour en empêcher la propagation d'un État à l'autre ou sur toute la surface de l'Union.

« Cette maladie existe dans notre pays depuis nombre d'années. Si des moyens convenables avaient été adoptés à l'origine, on ne l'aurait jamais revue, à moins de nouvelle importation; et jusqu'à ce que des mesures sérieuses soient prises et que le Congrès fasse des lois pour régler le trafic entre les États, nous continuerons à souffrir. L'invasion d'un district ou d'une région par la péripneumonie contagieuse est perfide. La maladie échappe d'ordinaire à l'observation et elle est, par suite, peut-être plus destructive qu'aucune autre maladie épizootique connue. Partout où les animaux infectés ont été tués aussitôt que les symptômes morbides se sont déclarés, comme cela a été fait dans certaines contrées européennes, la maladie ne s'est pas propagée; mais quand des mois se sont passés avant que des mesures efficaces aient été adoptées, elle s'est répandue dans diverses parties du pays et est devenue une calamité.

« Il a été tant écrit sur la péripneumonie, sur son étendue et ses ravages dans nos États maritimes, qu'il serait vraiment inutile d'insister davantage sur ce sujet si ce n'est pour réclamer l'adoption de mesures plus rigoureuses pour faire disparaître ce fléau de notre pays.

« D'abord, la péripneumonie est souverainement contagieuse : cela est prouvé par le fait qu'elle n'existe jamais à l'état épidémique, qu'il n'arrive jamais de cas sporadiques, et qu'elle est toujours communiquée d'un animal à l'autre par le contact, par les effluves corporelles, par la respiration, par les émanations des étables et des enclos dans lesquels ont été tenus des animaux infectés. Partout où un animal malade est mis en contact avec des animaux sains, on peut être sûr que ceux-ci seront pareillement atteints.

« La péripneumonie a été introduite en ce pays dans l'année 1843 par une vache importée d'Allemagne et conduite dans une laiterie de la ville de Brooklyn; de là la contagion s'est répandue dans différentes parties de l'État de New-York, du New-Jersey, du Connecticut et de la Pensylvanie, où elle a toujours existé depuis, soit à l'état latent, soit à l'état aigu. Si l'histoire de la maladie pouvait être écrite, on peut dire qu'on ne trouverait pas dans ces États un seul cas authentique qui ne remontât à la vache-importée à Brooklyn.

«La péripneumonie a été introduite depuis dans le Massachusetts par des bestiaux importés de Hollande au printemps de 1859, et chaque cas qui s'est produit dans cette région peut être suivi pas à pas, animal par animal, jusqu'à cette origine. Avant que le propriétaire du troupeau reconnût la nature de la maladie, il avait vendu un veau qui est mort ensuite de la péripneumonie, mais déjà la contagion était répandue dans plusieurs villages. Ce veau a coûté à l'État de Massachusetts de grands frais de législation et d'argent, soit 34,000 dollars environ, sans compter les pertes éprouvées par des particuliers et qu'il est impossible d'évaluer, même approximativement.

«Que la péripneumonie soit terriblement fatale, cela est surabondamment démontré par le fait qu'elle a tué plus de moitié des troupeaux où elle a sévi pendant la période critique au Massachusetts. En Europe, on considère très justement la maladie comme absolument incurable; on peut quelquefois la prévenir, mais la guérir, jamais. Elle produit toujours l'ulcération des poumons, et le mal est irréparable. Il n'y a pas autre chose à faire que d'abattre et d'enterrer immédiatement les sujets réellement attaqués. Il en coûterait aujourd'hui des milliers de dollars pour extirper le fléau, mais des millions ne suffiront pas dans quelques années.

«S'il n'y avait pas d'autre moyen, mieux vaudrait tuer jusqu'à la dernière des bêtes à cornes à l'Est des monts Alleghanys que de laisser le funeste dévastateur pénétrer au cœur des immenses troupeaux qui peuplent les grandes prairies de l'Ouest.»

Une autre maladie, non moins contagieuse que la péripneumonie parmi l'espèce bovine, fait aussi de terribles ravages parmi l'espèce porcine. Cette maladie, à laquelle on donne ici le nom de *choléra des porcs* (*hog cholera*), est une sorte d'angine charbonneuse. Des études scientifiques sur les causes, la nature et le traitement de cette affection toujours mortelle, exécutées sous la direction immédiate du Commissaire de l'agriculture, ont conduit à cette conclusion qu'aucun traitement médical ne peut arrêter les progrès du mal jusqu'à la mort du sujet, et que le seul moyen d'en restreindre les effets consiste dans une meilleure hygiène et dans de meilleures conditions d'élevage sous tous les rapports.

De tels désastres ont été causés depuis quelques années par le *hog cholera*, que le Congrès a voté, à plusieurs reprises, des crédits spéciaux pour faire les frais d'une enquête approfondie sur ce sujet. Au mois d'août de l'année 1879, le Commissaire de l'agriculture a nommé des inspecteurs pour l'État de New-York, l'Indiana, l'Illinois, l'Iowa, le Kansas, le Missouri, la Caroline du Nord et la Virginie. Tous les rapports reçus jusqu'ici s'accordent à dire que la maladie est contagieuse au suprême degré et qu'elle fait de jour en jour des progrès plus alarmants. Il est impossible d'évaluer exactement les pertes éprouvées de ce chef par l'agriculture des États-Unis; on peut seulement s'en faire une idée par l'importance de l'industrie que ce fléau affecte et ensuite par la proportion des dommages.

Dans les dernières années, l'élevage et la préparation du porc pour le marché se sont élevés au troisième rang des industries américaines. La valeur du porc, sous ses formes diverses, exporté l'année dernière a atteint la somme énorme de 110 millions de dollars. L'exportation du lard salé et du jambon s'est élevée de 71,446,854 livres en 1870-1871, valant 8,126,633 dollars, à 500 millions de livres, valant 50 millions de dollars, en 1877-1878. L'exportation du saindoux, pendant la même période, s'est élevée de 80 millions de livres, valant 10 millions de dollars, à 179 millions de livres, valant 25 millions de dollars. La production totale de ce dernier article, qui était en 1870-1871 de 190 millions de livres, a atteint l'an dernier le chiffre de 700 millions de livres.

Maintenant, pour donner un aperçu des pertes causées par le *hog cholera*, il suffit de citer, d'après le rapport du Secrétaire de l'agriculture de l'Iowa pour l'année 1878-1879, la proportion afférente à chaque comté dans cet État : 21 comtés n'ont pas éprouvé de pertes notables; 25 ont été affectés légèrement; 34 ont souffert considérablement, soit à raison de 5 à 40 p. o/o de leurs animaux; le comté d'Adair a perdu, dans certaines localités de grand élevage, 30 p. o/o; Adams, peu de dommages dans l'ensemble, mais souvent des troupeaux entiers disparus, de même dans le comté de Boone; Cedar County, 30 p. o/o; Fremont, 35 p. o/o; Grundy, des troupeaux entiers anéantis; Hamilton, perte en blocs, 100,000 dollars; Hardin, 5,000 porcs; Henry, 25 p. o/o; Marshall, pas moins de 20,000 animaux; Monona, 20 p. o/o; Washington, 20 p. o/o.

On trouve encore dans les *Transactions* du Département de l'agriculture de l'Illinois pour 1877-1878 un relevé des pertes causées dans cet État par le *hog cholera;* en voici le résumé :

Nombre de porcs	recensés en 1877	2,961,366
	tués par l'épidémie	358,844
Proportion		12 p. o/o.
Poids	moyen des porcs morts	104 livres.
	total	37,319,776
Valeur moyenne par 100 livres		4ᵈ 21ᶜ
Perte totale	en 1877-1878	1,571,159 37
	en 1876-1877	1,576,012

Il serait oiseux d'entrer dans de plus longs détails qui pourraient se multiplier à l'infini. Le rapport du Département de l'agriculture pour 1877-1878 renferme sur les maladies de l'espèce porcine, et particulièrement sur le *hog cholera*, un article qui ne contient pas moins de 145 pages grand in-8°, avec 18 planches admirablement gravées, représentant tout ou partie des organes infectés. Celui du même département pour 1878-1879 contient une seconde notice de 155 pages, avec 32 belles planches, la plupart en couleur. La pre-

mière de ces notices se termine par un état comprenant 1,193 comtés sur
2,447 dont se composent les États-Unis, soit environ 50 p. o/o, et présentant
les chiffres des pertes causées dans ces 1,193 comtés par les maladies des animaux en général et spécialement de l'espèce porcine. En voici un extrait :

<pre>
Nombre des porcs... (affectés de contagion............. 2,729,278
                    (élevés dans les 1,193 comtés...... 19,932,114
            (total des pertes....................... 10,451,071 dollars.
Montant {   (sur les autres animaux domestiques.. 6,932,035
        (des pertes. { sur toutes les espèces d'animaux do-
                      (mestiques................... 17,383,106
</pre>

Enfin, pour conclure, voici un résumé général emprunté au mémoire présenté, en décembre 1879, à la *National agricultural Association* par le professeur James Law, de la *Cornell University*, qui donne un aperçu exact des ravages
causés par les diverses maladies épizootiques ou contagieuses :

« La méthode anglaise d'extirper les maladies est trop lente et trop compli-
quée. ..... Le pouvoir d'assurer l'exécution rigoureuse de nos lois sanitaires
devrait être exercé absolument et instantanément, sans autre contrôle que celui
de quelque autorité scientifique compétente en cette matière. Nous possédons
dans ce pays des animaux ayant une valeur de 2 milliards de dollars. Les pos-
sibilités de pertes causées par l'importation ou la propagation d'une épizootie
sont véritablement effrayantes. Avec 40 millions de têtes de bétail, l'Angleterre en a perdu, depuis trente-cinq ans, pour une valeur approximative de
500 millions de dollars; quel serait notre désastre si nous laissions les mêmes
maladies se propager parmi nos 90 millions de bestiaux?

« Il n'y a pas besoin, du reste, d'aller en Angleterre pour voir un terrible
exemple de destruction animale. On estime que, l'année dernière, nous
n'avons pas perdu moins de 21 millions de dollars par une de nos épizooties
indigènes : le choléra des porcs (*hog cholera*). Il y a, par suite, quelque probabilité que le Congrès donnera plus d'attention qu'il ne l'a fait jusqu'ici à
la question des fléaux qui frappent les animaux.

« Il y a huit espèces de virus morbides qui peuvent se communiquer des
animaux à l'homme, et pas moins de vingt et un parasites qui peuvent donner naissance à des épizooties. Il y a quatorze espèces de virus et trente-quatre
parasites des animaux de ferme qui n'affectent pas l'homme. Les maladies contagieuses peuvent se diviser en exotiques et indigènes. Les premières, qui se
perpétuent par voie de reproduction, ne se manifestent jamais spontanément
sur notre sol et peuvent être extirpées aussi sûrement qu'une herbe malfai-
sante. Mais les maladies qui se développent naturellement sur notre territoire
ne pourront jamais être déracinées d'une façon permanente, jusqu'à ce que
nous ayons une connaissance exacte de toutes les conditions d'insalubrité
particulières au climat, aux localités, au mode d'existence des animaux, et
que nous puissions neutraliser les influences d'où dépend la génération de
telles maladies.

« Il y a une maladie exotique qui règne fatalement de nos jours et qui exige plus impérieusement que toutes les autres ensemble des moyens énergiques pour son extirpation : c'est la maladie de l'espèce bovine que l'on désigne sous le nom de péripneumonie contagieuse, importée à Brooklyn en 1843. Ce fléau s'étend progressivement à l'Ouest et au Sud; s'il atteignait les régions où les animaux vivent en liberté, sans enclos qui les séparent, le contact et le mélange des troupeaux ne tarderaient pas à répandre l'infection dans tous les sens.

« Toutes les fois que la maladie a été introduite dans quelque pâturage commun, elle y est restée à l'état permanent. Les bestiaux étant expédiés du Texas et des plaines dans toutes les parties de l'Union, pas un État ne sera épargné si une fois l'infection les atteint. Comme les germes de cette maladie couvent à l'état latent pendant une période d'incubation de dix jours à trois mois et demi, et qu'elle ne se manifeste par aucun symptôme pendant cet intervalle, un animal infecté peut être transporté d'un océan à l'autre ou des lacs au Golfe apparemment en bonne santé, et cependant propager la pestilence. Tant que le Gouvernement des États-Unis ne se chargera pas de poursuivre l'éradication du mal et de protéger le pays contre de nouvelles importations, nos troupeaux ne seront jamais à l'abri d'incalculables dangers. »

<h2 style="text-align:center">XII.</h2>

Transport et exportation. — Frais de transport des produits végétaux de la ferme aux marchés, gares de chemins de fer ou embarcadères sur les voies fluviales. — Frais de transport des marchés, gares ou embarcadères, aux ports d'embarquement pour l'Europe, en distinguant, savoir : les transports par voie de terre, ceux par voie ferrée, et ceux par voie fluviale, fleuves, rivières et canaux. — Frais de transport de ces ports d'embarquement au Havre ou à Londres, en détaillant les dépenses, chargement, fret, assurance, commission, déchets de route, etc. — Mêmes détails pour les transports des animaux vivants ou abattus, ainsi que des produits accessoires, laines, cuirs, etc.

Les questions de transport sont toujours extrêmement difficiles en matière de produits ruraux. Elles sont sujettes à des influences complexes, et les prix subissent des oscillations incessantes, parmi lesquelles il est impossible de trouver même une moyenne approximative. Les circonstances déterminantes sont elles-mêmes insaisissables; elles dépendent : de la quantité d'approvisionnements à écouler, des demandes actuelles du marché, des distances à parcourir, soit sur un trajet entier ou sur des fractions intermédiaires, des saisons, de la concurrence, de la spéculation, des traités spéciaux et d'une multitude de considérations qui doublent et triplent même quelquefois le taux des tarifs à trois ou quatre· mois de distance, sans parler des transactions particulières qui ne tiennent compte d'aucune règle.

Mais si telle est la condition de l'industrie des transports dans les circonstances ordinaires, dans les années moyennes et normales, où le commerce suit les canaux habituels et obéit à des lois relativement constantes, on conçoit que toute logique disparaît dans des moments exceptionnels, comme cela a eu lieu dans la seconde partie de l'année 1879 et depuis le commencement de 1880, où un mouvement sans précédent dans l'exportation des grains a livré les opérations de transport pour ces denrées à tous les caprices de l'actualité. Aussi n'y a-t-il pendant cette période aucun calcul à établir, pas plus pour les transports territoriaux ou maritimes que pour les conditions d'achat, de vente ou de livraison. Les compagnies de chemins de fer, par exemple, font des conditions toutes différentes, suivant qu'elles traitent pour des quantités plus ou moins considérables, soit par wagons ou par trains complets, suivant que la distance à parcourir est fractionnaire ou de bout en bout de la ligne, suivant qu'il s'agit d'un envoi unique ou d'une série d'expéditions consécutives ou échelonnées à périodes diverses, suivant qu'elles ont des traités différents avec telle ou telle maison, telle ou telle corporation, etc. etc.

De même pour les transports maritimes, on peut dire qu'il n'y a ni règle ni prix en ce moment. Les armateurs et les compagnies des steamers transatlantiques sont absolument à la merci de la spéculation qui détient des millions de boisseaux de blé dans les magasins et les entrepôts et refuse de s'en dessaisir dans l'attente d'une hausse factice. Il s'ensuit que des centaines de navires, steamers et voiliers, restent amarrés aux quais des ports pendant des mois, mangeant d'avance le prix du fret qu'ils espèrent et prenant à tout prix celui qu'un heureux hasard peut leur envoyer. Les grandes compagnies de steamers transatlantiques ne sont guère plus exigeantes. Le fret général est très maigre en ce moment, et elles acceptent à la dernière heure ce qui leur est offert de grain, autant qu'elles ont leur plein à compléter, à des prix variables du jour au lendemain, quelquefois d'une heure à l'autre, au point que les cotes officielles sont purement nominales.

En résumé, il serait oiseux de vouloir établir aucune donnée ayant un degré quelconque de solidité sur la situation d'un marché aussi mobile que le marché actuel des grains en Amérique. Il faut se borner à des généralités et remonter à une période plus normale pour trouver les éléments d'une étude tant soit peu consistante. En prenant pour base l'exercice 1878-1879 (de juillet en juillet), on aura quelque chance de se rapprocher de la vérité.

On doit renoncer à établir dans une mesure quelconque, comme le demande le sommaire auquel répond ce chapitre : *les frais de transport de la ferme aux marchés, gares de chemins de fer ou embarcadères sur les voies fluviales.* Un tel calcul serait absolument illusoire, à raison des distances variables, de la diversité des voies de communication, etc. Tout ce qu'on peut dire, c'est que ces dépenses doivent être en général considérées comme n'affectant pas sensiblement le prix des transports en matière d'exportations, les fermiers étant presque partout dans un rayon rapproché des points de communication facile, et la région de grande production étant tout entière sillonnée de voies de terre ou d'eau aisément praticables et aboutissant directement au centre commun. La grande affaire, en définitive, pour établir les conditions générales de l'exportation, est de trouver aussi approximativement que possible : 1° les frais de transport des

marchés, gares ou embarcadères, aux ports d'embarquement pour l'Europe;
2° les frais de transport de ces ports d'embarquement aux ports d'Europe.

La très grande majorité, probablement 80 à 85 p. o/o, des grains américains fournis à l'exportation provient de l'Ouest et du Nord-Ouest. Le grand marché centralisateur est Chicago, où aboutissent tous les chemins de fer de la zone agricole à l'ouest, au sud-ouest et au nord-ouest des lacs.

Chicago expédie à cinq ports principaux : New-York, Philadelphie, Baltimore et Boston, sur le littoral atlantique des États-Unis, et à Montréal, sur le Saint-Laurent, au Canada. New-York reçoit à peu près 50 p. o/o des quantités expédiées; le reste se répartit entre les autres ports. Les principaux marchés de destination sont Liverpool et le Havre.

Les grains sont expédiés de Chicago à New-York, soit directement par voie ferrée, soit par voie mixte, c'est-à-dire par voie ferrée de Chicago à Buffalo et par le canal de l'Érié, de Buffalo à New-York, soit en totalité par la double voie des lacs et des canaux. La navigation sur les canaux étant limitée aux mois d'été, les tarifs des chemins de fer subissent l'influence de la concurrence pendant cette période et s'abaissent jusqu'à moitié du taux de la saison d'hiver. Dans les mois d'été 1878-1879, le taux du fret, par chemin de fer, a descendu jusqu'à 12 cents par 100 livres pour de grandes quantités, de Chicago aux ports atlantiques. Cela fait 2 dollars 40 cents par tonne de 2,000 livres, ou un taux moyen de 2.66 $\frac{100}{1000}$ par tonne et par mille. Dans certaines transactions même, la tonne est descendue à 2 dollars. Les derniers prix établis, par chemin de fer, de Chicago aux quatre principaux ports de l'Atlantique sont en grains : pour Boston, 25 cents par 100 livres; New-York, 20 cents; Philadelphie, 18 cents; et Baltimore, 17 cents; soit une moyenne générale de 4 dollars par tonne ou 4.44 $\frac{100}{1000}$ par tonne et par mille.

Les circulaires de Milwaukee cotent, au 19 avril 1879, les frets des grains, tous chemins de fer : pour Buffalo, 16 cents par 100 livres; pour New-York, 20 cents; pour Boston, 25 cents; pour Philadelphie, 18 cents; pour Baltimore, 17 cents.

On remarquera ici une anomalie apparente, c'est que le prix de transport de Milwaukee à Buffalo est coté à 16 cents par 100 livres, ou 3 dollars 20 cents par tonne, tandis qu'il n'est coté qu'à 4 dollars par tonne de Milwaukee à New-York. Si l'on soustrait ce prix local, 3 dollars 20 cents entre Milwaukee et Buffalo, du taux complet payé sur la totalité de la ligne de Milwaukee à New-York, c'est-à-dire ce qu'on appelle le *through rate*, qui est de 4 dollars, il ne reste par tonne que 80 cents pour la proportion de Buffalo à New-York, tandis que le taux local entre ces deux villes est de 3 à 4 dollars par tonne. Il en résulte que la place de Buffalo, avec cette différence contre elle, ne peut pas faire d'affaires directes et ne peut être qu'une place de transit. Il en est de même de tous les points intermédiaires entre Milwaukee et Chicago, d'une part, New-York, Boston, Philadelphie et Baltimore, de l'autre. Le *through rate* des points de l'Ouest pour l'Europe établit de même une différence préjudiciable aux villes du littoral, les taux de fret sur les chemins de fer, augmentés des frais de mer, faisant un ensemble plus élevé que le *through rate* de Milwaukee ou de Chicago au Havre ou à Liverpool.

Le résultat de ces dispositions est de supprimer les intermédiaires pour les grandes affaires d'exportation, en transportant le marché des transactions aux points extrêmes de l'Ouest, c'est-à-dire au centre même de la production. Ce système a d'abord été appliqué aux provisions animales : porc, bœuf, etc., et il s'étend rapidement aux céréales. Déjà plus du tiers et peut-être moitié des farines et des grains reçus à New-York ne font qu'y toucher barre et sont expédiés directement des marchés de l'Ouest en Europe.

Ce système est en grande partie l'œuvre des compagnies de chemins de fer, qui, ayant leurs sièges et leurs principaux intérêts aux points extrêmes, traitent par elles-mêmes ou par des agents intéressés, principalement pour s'assurer les transports, une partie des affaires d'exportation avec des avantages marqués sur tous les points intermédiaires. Il en résulte que le prix du fret des États du centre aux ports excède fréquemment, dans de grandes proportions, celui de localités plus éloignées, à ce point que parfois des négociants du centre trouvent avantage à envoyer d'abord leurs marchandises aux ports de mer de l'Est pour être réexpédiées à leur véritable destination dans l'Ouest, afin de profiter du bénéfice des *through rates*, et réciproquement de l'Ouest à l'Est. Un expéditeur du Michigan central, par exemple, enverra d'abord ses grains à Chicago, en payant un fret local, pour avoir le bénéfice du *through rate* de Chicago à la mer.

Avec ces fluctuations et ces différences incessamment variables, on conçoit que la question du transport des grains soit un problème constamment ouvert et qu'il soit impossible d'en fixer les éléments d'une manière précise quelques mois, quelques semaines, quelques jours même à l'avance. Aussi les chances de gain et de perte dépendent-elles généralement plus des hasards de la spéculation que de calculs fondés sur des bases présentant tant soit peu de certitude. Par cette raison, les conditions d'achat et de vente sont elles-mêmes subordonnées à l'imprévu. On ne saurait dire qu'il existe un taux normal de courtage, de commission, etc. Comme on l'a déjà vu, une large proportion des opérations d'achat et d'expédition s'effectuent directement entre l'Europe et les marchés de l'Ouest, sans passer par les intermédiaires de New-York, et, quant à celles qui se font par ces intermédiaires, elles sont généralement traitées de gré à gré et à forfait, sans tenir compte des détails de commission, chargement et déchargement, fret, assurance, etc. L'acheteur traite pour le grain livré à Liverpool ou au Havre à une époque et à des conditions déterminées, et le vendeur consulte les cours au moment même où il conclut, en courant les chances de variations possibles ou probables au moment de la livraison. Or, ces variations sont si soudaines et si mobiles que les négociants adonnés à ce genre d'affaires, tant à Liverpool ou au Havre qu'à New-York et à Chicago, reçoivent généralement deux fois par jour, par le câble transatlantique, la cote du marché d'achat ou de vente avec lequel ils sont en rapport.

Afin de faire voir par des chiffres à quel point les bases de ces transactions sont parfois incertaines, voici, d'après les relevés du *Produce Exchange* de New-York, pour 1878-1879, les prix moyens par 100 livres du transport des grains par chemin de fer, à l'est de Chicago, en 1878 :

	DE CHICAGO		
	à NEW-YORK.	à BALTIMORE.	à BOSTON.	à PHILADELPHIE.
	cents.	cents.	cents.	cents.
Du 1ᵉʳ janvier au 11 mars......	40	37	45	38
Du 11 mars au 1ᵉʳ avril.......	30	27	35	28
Du 1ᵉʳ avril au 17 mai........	25	22	30	23
Du 17 mai au 5 août.........	20	17	25	18
Du 5 août au 17 août........	25	22	30	23
Du 17 août au 2 septembre....	30	27	35	28
Du 2 septembre au 25 novembre.	30	27	35	28
Du 25 novembre au 31 décembre.	35	32	40	33

Ce sont là les chiffres officiels publiés à différentes époques de l'année ; mais de grandes quantités de frets sont transportées à des prix de beaucoup inférieurs à ceux des tarifs.

De même il y a dans la même année, comme on l'a déjà remarqué, de grandes différences sur les lignes parallèles aux canaux. Par exemple, de Buffalo à New-York, les taux de fret sur les grains pendant les mois de janvier, février, mars et décembre 1878 ont dépassé de plus du double ceux des mois de mai à septembre, cette dernière période étant celle de la navigation sur le canal de l'Érié. Ces mouvements sont représentés par les chiffres suivants :

	BLÉ PAR BOISSEAU de 60 livres.	MAÏS PAR BOISSEAU de 56 livres.
	cents.	cents.
Du 1ᵉʳ janvier au 26 mars...................	19	11 1/2
Du 27 mars au 6 avril....................	9	8 1/2
Du 8 avril au 4 mai.....................	8	7 1/2
Du 6 mai au 1ᵉʳ juin.....................	7	6 1/2
Du 3 au 8 juin........................	7	6
Du 9 au 11 juin.......................	6	5 1/2
Du 12 au 15 juin......................	5 1/2	5
Du 17 juin au 22 juillet.................	4 1/2	4
Du 23 juillet au 12 août.................	5	4 1/2
Du 13 au 20 août......................	5 1/2	5
Du 21 au 23 août......................	6	5 1/2
Le 26 août..........................	6 1/2	6
Du 27 au 31 août.....................	7	6 1/2
Du 2 au 7 septembre..................	7 1/2	7
Du 9 au 14 septembre.................	8	7 1/2
Du 16 septembre au 16 novembre	8 1/2	8
Du 18 au 26 novembre..................	8	7 1/2
Du 27 au 30 novembre..................	7 1/2	7
Du 2 au 30 décembre....................	9 1/2	9

Les transports par eau, au moins en ce qui concerne les canaux, étant réglés par l'État, sont sujets à moins de fluctuations. En voici les moyennes pour les dernières années :

	1877.		1878.	
	PAR BOISSEAU DE 60 LIVRES.	PAR TONNE DE 2,000 LIVRES.	PAR BOISSEAU DE 60 LIVRES.	PAR TONNE DE 2,000 LIVRES.
	dollars.	dollars.	dollars.	dollars.
De Chicago à Buffalo (lacs, 900 milles).....................	0 3 72	1 24 00	0 3 07	1 2 33
De Buffalo à New-York (canal, 500 milles)..............	0 7 52	2 50 66	0 6 08	2 2 66
De Chicago à New-York (1,400 milles).....................	0 11 24	3 74 66	0 9 15	3 4 99

Les moyennes n'ont pas sensiblement varié en 1879.

Les relevés généraux du *Produce Exchange* établissent comme suit la moyenne du fret des quatre principaux ports de l'Atlantique et de Montréal à Liverpool pour l'année 1878 :

                                            dollars.

New-York... 5 00
Philadelphie... 5 86
Boston.. 4 94
Baltimore... 5 66
Montréal 6 66

Par les motifs qui ont été expliqués plus haut, il n'y a pas de moyenne à établir pour l'année 1879 et les commencements de 1880 ; elle a été notablement inférieure à celle de 1878, et de nombreux marchés ont été exécutés dans les prix desquels le taux du fret océanique n'a pas été compris pour plus de 3 à 4 dollars la tonne.

XIII.

Législation américaine concernant l'importation et l'exportation des produits agricoles : froment, seigle, maïs, avoine, pommes de terre, vins, bœufs, vaches, moutons et porcs.

Il n'existe pas de lois spéciales concernant l'exportation des produits agricoles, qui n'est sujette à aucune restriction ni à aucune réglementation particulières en dehors de la loi commune.

Quant à l'importation, elle n'est en réalité limitée que par les règles et les tarifs douaniers, qui imposent les droits suivants sur les articles mentionnés au sommaire de ce chapitre :

Froment .... 20 cents par boisseau.
Orge et seigle............................. 15
Maïs, avoine.............................. 10
Pommes de terre.......................... 15

L'importation des vins est sujette à une tarification plus complexe. Voici la traduction des dispositions qui les concernent d'après le tarif officiel édité par l'Imprimerie du Gouvernement à Washington en 1879 :

« Les vins importés en fûts ne contenant pas plus de 22 p. o/o d'alcool et dont l'évaluation ne dépasse pas 40 cents par gallon : 25 cents par gallon; évalués à plus de 40 cents, mais pas plus de 1 dollar par gallon : 60 cents par gallon; évalués à plus de 1 dollar par gallon : 1 dollar par gallon, plus 25 p. o/o *ad valorem.*

« Vins de toute espèce importés en bouteilles : le même taux par gallon que les vins importés en fûts. Mais toute bouteille contenant un quart ou moins d'un quart et plus d'une pinte sera considérée comme contenant un quart; et toute bouteille contenant une pinte ou moins sera considérée comme contenant une pinte et payera en plus 3 cents par bouteille.

« Le champagne et autres vins mousseux en bouteilles contenant pas plus d'un quart et plus d'une pinte : 6 dollars par douzaine de bouteilles; contenant pas plus d'une pinte et plus d'une demi-pinte : 3 dollars par douzaine; contenant une demi-pinte ou moins : 1 dollar 50 cents par douzaine; en bouteilles contenant plus d'un quart chacune : outre les 6 dollars par douzaine, 2 dollars par gallon sur la quantité excédant un quart par bouteille.

« Tous liquides contenant plus de 22 p. o/o d'alcool et déclarés en douane sous le nom de *vins* seront confisqués au profit des États-Unis. Tous vins, eaux-de-vie et autres liquides spiritueux importés en bouteilles devront être emballés en colis ne contenant pas moins de 12 bouteilles chacun; et toutes les bouteilles ainsi importées payeront un droit additionnel de 3 cents chacune. Il ne sera pas fait de déduction pour la casse, à moins qu'elle ne soit constatée et certifiée par un expert-priseur de la douane. »

Les animaux vivants sont soumis à un droit uniforme de 20 p. o/o *ad valorem.*

« Il est fait exception dans les cas définis en ces termes par le catalogue des articles admis en franchise *free list* (section 2505).

« L'importation des articles suivants sera exempte de tous droits :

« . . . . . Les animaux amenés aux États-Unis temporairement et pour une période n'excédant pas 6 mois, en vue d'exhibition ou de concours pour des prix offerts par une association agricole ou hippique. Mais il sera préalablement fourni caution, conformément aux règlements fixés par le secrétaire du Trésor, avec la condition que le droit entier de la catégorie à laquelle ils appartiennent sera payé pour les animaux qui seront vendus aux États-Unis ou qui ne seront pas réexportés dans les six mois.

« Les animaux vivants spécialement importés d'outre-mer pour la reproduction seront admis en franchise, sur preuve satisfaisante fournie au secrétaire du Trésor et sous tels règlements qu'il pourra prescrire.

« Tous attelages d'animaux, y compris leurs harnais et objets accessoires, appartenant à des personnes étrangères immigrant aux États-Unis avec leurs familles et servant aux usages de cette immigration, seront aussi admis en franchise, sous telles règles que pourra prescrire le secrétaire du Trésor. »

Enfin, il existe une loi rendue dans le but de donner à l'Administration le moyen de prévenir l'introduction de maladies contagieuses aux États-Unis, aux termes de laquelle l'importation peut être absolument interdite par proclamation du président pour les animaux et les cuirs provenant de tel pays ou de tel port étranger qui pourra être désigné.

XIV.

Législation fiscale. — Charges que cette législation fait porter, savoir : directement sur la propriété rurale; indirectement sur la même; sur ceux qui la possèdent sans l'exploiter par eux-mêmes; sur ceux qui l'exploitent, propriétaires ou fermiers. — Taxes : impôts généraux; charges locales; prestations de toute nature pesant sur une ferme d'une étendue moyenne.

Les charges fiscales sont de deux sortes :
Les impôts fédéraux; les impôts locaux.

IMPÔTS FÉDÉRAUX.

Les impôts fédéraux comprennent :

1° Les droits de douane (*Custom Duties*);

2° Le revenu intérieur (*Internal Revenue*), ou, en d'autres termes, ce que nous appelons *les contributions indirectes*.

Le Gouvernement fédéral ne prélève pas d'impôt foncier, non plus que d'impôt sur le revenu personnel (*Income tax*). Il n'y a donc pas à s'arrêter à la distinction entre le propriétaire et le fermier : l'un et l'autre supportent les mêmes charges sur ce qu'ils consomment.

DROITS DE DOUANE.

Le tarif élevé des États-Unis a naturellement le double effet inhérent au système de la protection commerciale : il favorise le producteur, il charge le consommateur. Comme producteur, le cultivateur américain est protégé par les droits de l'importation sur les produits agricoles détaillés au chapitre XIII sous le titre *Législation américaine*. Comme consommateur, il porte lourdement le fardeau de l'encouragement à la production industrielle. Or, il n'y a pas parité entre la protection effective qu'il donne et la protection illusoire qu'il reçoit. Il n'a rien à craindre de l'importation étrangère, et il ne retire par conséquent aucun profit des rigueurs du tarif sur les produits similaires aux siens; et par contre, il n'a rien à gagner, au contraire, à l'élévation du prix des articles fabriqués dans le pays à la faveur des droits protecteurs. De là une sorte d'antagonisme qui tôt ou tard, et probablement dans un avenir peu éloigné, amènera une puissante réaction contre le régime économique actuel et aidera considérablement les partisans de la liberté commerciale à obtenir la revision des tarifs douaniers.

Dans un discours prononcé à la Chambre des représentants sur ce sujet le 9 avril 1878, M. Fernando Wood supputait ainsi les charges imposées aux fermiers par les tarifs protecteurs :

«Le fermier, dont toute l'attention est absorbée par ses occupations agricoles, n'a ni le temps ni les moyens d'étudier l'influence de l'impôt douanier sur les dépenses de sa maison; il est de fait cependant que le prix de chacun des articles à son usage est augmenté, soit directement par le droit d'importation, soit indirectement par l'influence de notre régime économique. Jetons un coup d'œil sur ces charges. La maison du fermier dans l'Ouest, où le bois est rare, paye directement ou indirectement 20 p. o/o sur les matériaux dont elle est construite; une taxe de 35 p. o/o sur la peinture dont elle est enduite; de 90 p. o/o sur ses carreaux de vitres; de 35 p. o/o sur les clous, les charnières, la quincaillerie; de 35 p. o/o sur le papier de tenture; de 60 à 70 p. o/o sur son tapis; de 40 p. o/o sur la vaisselle; de 38 p. o/o sur ses ustensiles de cuisine; de 35 p. o/o sur la coutellerie; de 40 p. o/o sur sa verrerie; de 35 à 40 p. o/o sur son linge de ménage; de 48 p. o/o sur l'amidon. Si nous passons maintenant à l'écurie, à la grange, à l'étable, nous voyons que le fermier paye 35 p. o/o sur les articles de fer qu'il emploie; 53 p. o/o sur les chaînes de ses attelages; 45 p. o/o sur les limes et les râpes; 45 à 50 p. o/o sur les scies et 35 p. o/o sur la tôle. Sur les médicaments et les préparations pharmaceutiques, il paye de 20 à 40 p. o/o. La famille n'est pas moins lourdement taxée : au moins 60 p. o/o sur le sucre; les lainages, 60 à 80 p. o/o; la bonneterie, 35 p. o/o; les étoffes, 60 à 70 p. o/o; le fil à coudre, 70 p. o/o; les aiguilles, 35 p. o/o, etc. Si je voulais poursuivre cette énumération, j'y perdrais trop de temps; qu'il me suffise d'ajouter que, depuis le berceau où il naît jusqu'au cercueil où il est enterré, il sent à chaque pas directement ou indirectement le poids du tarif, sans rien, absolument rien recevoir en échange des sacrifices qui lui sont imposés.»

Ces observations sont justes; il est vrai qu'elles s'appliquent également à toutes les professions, et que toutes les classes, sauf celles qui profitent directement de la protection industrielle et commerciale, auraient droit de se plaindre au même titre. Il n'en est pas moins constant que l'agriculture en particulier, soumise à des charges locales spéciales et souvent exorbitantes, supporte difficilement le fardeau de l'impôt douanier, qui pour elle fait double emploi.

INTERNAL REVENUE.

Sont soumis à la loi du revenu intérieur :

La distillation des spiritueux et la fabrication des liqueurs ou boissons fermentées;

Les banques et institutions de crédit;

Les tabacs.

En vertu de la même loi, sont soumis au timbre :

Les chèques, traites, ordres de payement, etc., sur les banques et banquiers, etc.

Cet ordre de taxes n'affecte pas l'agriculture d'une manière exceptionnelle.

IMPÔTS LOCAUX.

Les impôts locaux comprennent :

Les impôts d'État (*General State tax*);
Les taxes de comté (*County tax*);
Les taxes communales (*Township tax*).

La réunion de ces trois ordres d'impôts venant en addition à l'impôt fédéral fait que, dans certains États et dans certaines localités (dans la plupart même, comme le disait, l'an dernier, un agriculteur distingué, M. R.-P. Maine, devant la *State agricultural Society* du Wisconsin), «les fermiers de cette région des États-Unis payent plus d'impôts qu'aucune classe d'hommes sous le soleil. »

Les taxes locales ne sont, en effet, soumises à aucune règle fixe, à aucune limitation, à aucun contrôle : c'est le domaine privilégié de l'extravagance et des abus. Les partisans d'une décentralisation extrême pourraient trouver là un avertissement salutaire. Il y a des communes tellement compromises par les exagérations de leur administration locale que le chiffre de leurs dettes dépasse la moitié de la valeur intrinsèque de leurs propriétés! La ville d'Élisabeth (*Elisabeth-City*), par exemple, dans le New-Jersey, doit 6 millions de dollars sur 10 millions environ de propriétés immobilières et mobilières qu'elle renferme! Une commune du Westchester County, près de New-York (le township de *Mount-Vernon*), s'est trouvée dernièrement dans un cas pire encore : menacée d'une saisie judiciaire, elle a été un instant sans maire, sans conseil municipal, sans autorités d'aucune sorte, parce que personne ne voulait prendre la responsabilité d'une débâcle imminente. Quand le shérif s'est présenté pour remplir son mandat, il n'a trouvé personne qui eût autorité pour recevoir son *warrant*.

Les faits analogues ne sont pas isolés; on en trouverait des exemples sans fin si l'on prenait la peine de les relever. Ils procèdent de causes nombreuses, et principalement de l'abus de la politique. Le plus souvent ce sont les *politiciens*, classe très puissante ici, qui mènent les populations et qui occupent les emplois. Les électeurs nomment leurs maires et leurs *aldermen* ou *councilmen*, non parce qu'ils sont les plus habiles, les plus intègres ou les plus intéressés au bon ordre, mais parce qu'ils sont, dans leur sphère plus ou moins étroite, les *leaders* de l'un ou de l'autre parti républicain ou démocrate.

De la commune cette anomalie monte au comté, du comté à l'État, et *vice versa* : les législatures, les conseils de comté et de commune, créent à l'envi des emplois superflus rétribués avec exagération, pour se faire une clientèle. On prodigue les travaux publics, les embellissements, les améliorations de toute sorte, réelles ou supposées, hors de proportion avec les besoins et les ressources, soit par imprévoyance, soit par favoritisme. Enfin, la répartition de l'impôt est pareillement partiale et illogique et ne cause pas moins de plaintes légitimes que son exagération.

Ces vices d'administration ne se retrouvent pas partout au même degré assurément, mais ils ne sont que trop répandus et rendent souvent le fardeau des taxes très lourd pour le contribuable des campagnes. Les réclamations sont fréquentes et énergiques. Un membre de la législature du Wisconsin disait, l'an dernier, dans une réunion agricole où la question des taxes était vivement agitée : « Nous voyons ici, dans les différents départements du Gouvernement, un grand nombre d'employés qui ne sont pas nécessaires. Nous tenons de bonne source qu'il y a dans un bureau quatre commis recevant chacun de douze à quinze cents dollars de traitement, tandis qu'un seul serait suffisant. Et il en est partout de même... »

Ce qui est vrai pour le gouvernement de l'État ne l'est pas moins pour l'administration de la commune. A la même réunion, un des membres présents a ajouté ce qui suit : « Les taxes d'État et les taxes nationales sont peu de chose dans la proportion des charges que nous supportons. Les impôts les plus lourds sont ceux des écoles et de la municipalité ... Je ne crois pas qu'il y ait un fermier qui ne souffre profondément de ce mal, et il nous semble que nous pouvons y remédier, si nous sommes aussi intelligents que nous le prétendons. Les fermiers ont la prétention d'être des sages. Eh bien! alors, qu'ils obligent leurs représentants à changer le régime de l'impôt. Je connais dans le comté de Trempealeau, où je demeure, des hommes riches à cent mille dollars qui ne payent de taxe que sur huit mille, tandis que ma ferme et mon stock sont taxés sur le montant réel de leur valeur jusqu'au dernier cent. Maintenant, si l'impôt local était levé, comme l'impôt national, sur les objets superflus, comme les liqueurs et le tabac, s'il frappait également toutes les propriétés, s'il était réduit à la mesure des besoins réels du pays, alors nous aurions fait un grand pas dans la voie de la modération et de la justice. »

Inutile de multiplier les citations; on pourrait, à peu d'exceptions près, entendre partout les mêmes plaintes.

En résumé, et pour arriver à des chiffres, il résulte des statistiques officielles, indépendamment des douanes et des impôts fédéraux, que les taxes d'État, de comté et de municipalité s'élèvent, en moyenne, de 75 cents à 1 dollar par acre de terre cultivée; ce qui, pour une ferme moyenne, soit de 150 acres, impose au fermier une charge minima de 112 dollars 50 cents à 150 dollars, soit environ 10 p. o/o du revenu, ou près de 1 p. o/o de la valeur du sol.

XV.

Avantages offerts aux colons qui viennent s'établir aux États-Unis dans les parties non encore défrichées. — Détail sur la personnalité de ces colons, sur le pécule dont ils doivent disposer pour jouir d'avantages déterminés, ainsi que sur les conditions mises à la vente ou à la concession des terrains qu'ils doivent posséder ou exploiter.

On a répondu implicitement à cette question aux chapitres I, II, III, IV, V et VI.

XVI.

Administration des services publics de l'agriculture (bureau ou département de l'agriculture). — Encouragements donnés à l'agriculture par le gouvernement central, par celui des États particuliers et par les comtés ou les communes ou paroisses.

Le *Département de l'agriculture* forme, aux États-Unis, une branche spéciale du pouvoir exécutif et est placé sous la direction d'un fonctionnaire supérieur qui porte le titre de *Commissaire de l'agriculture*. Cette branche d'administration relevait originairement du *Patent Office*; elle en a été séparée, et elle a été organisée par une loi portant la date du 15 mai 1862.

M. Isaac Newton, de la Pensylvanie, qui était alors chef du bureau agricole du Patent Office, a été conservé par le président Lincoln à la tête du nouveau département et est devenu le premier commissaire de l'agriculture.

C'est de cette époque que datent les premières statistiques officielles et régulières des États-Unis en matière agricole; il n'y avait jusque-là que des données détachées sur des points spéciaux, éparses et pour ainsi dire noyées dans des rapports de diverses sources recueillis par le Patent Office, et ne présentant aucun aperçu d'ensemble ni sur les quantités, ni sur la condition, ni sur la valeur des produits végétaux ou animaux du pays. Un bureau de statistique a été créé, et ce bureau a produit depuis des travaux extrêmement précieux pour leur précision, leur exactitude, l'ordre parfait dans lequel ils sont présentés et la justesse pratique des déductions.

Voici, du reste, sur l'organisation du Département l'information la plus authentique et la plus claire; c'est le texte même de la loi qui l'a créé :

« Section 1. — Il est, par les présentes, établi au siège du Gouvernement des États-Unis un Département de l'agriculture, dont l'objet général sera de recueillir et de répandre parmi les populations des États-Unis les connaissances utiles se rattachant à l'agriculture, dans le sens le plus étendu du mot, et de se procurer, afin de les propager et de les distribuer, de nouvelles semences ou plantes dont l'introduction et la culture peuvent être profitables.

« Section 2. — Il sera nommé par le président, avec l'agrément du Sénat, un *Commissaire de l'agriculture*, qui sera le principal officier exécutif du Département de l'agriculture et qui recevra un traitement annuel de 3,000 dollars.

« Section 3. — Le Commissaire de l'agriculture devra recueillir et conserver dans son Département tous les renseignements concernant l'agriculture qu'il pourra obtenir, soit par des livres ou correspondances, soit par des expériences ou observations pratiques ou scientifiques, soit par des documents statistiques, ou par tous autres moyens en son pouvoir; se procurer, autant qu'il le pourra, des semences et plantes nouvelles; se rendre compte, par la culture, de la valeur de ces plantes et semences; propager celles qui en paraîtraient dignes, et les distribuer aux agriculteurs. Il adressera, chaque année, au Président et au Congrès un rapport général dans lequel il recommandera la publication de telle partie de ce rapport, ou des documents y annexés qu'il jugera d'une utilité générale. Il fera aussi des rapports spéciaux sur des objets particuliers de son ressort, quand la demande lui en sera faite par le Président ou par une des deux branches du Congrès, ou quand il croira devoir le faire lui-même. Il prendra en charge tout le matériel de la Division agricole ou Patent Office, y compris le terrain et le jardin de propagation. Il fera les dépenses et en tiendra le compte. Il pourra recevoir et envoyer, en franchise, par les malles, tous objets ressortissant à son Département n'excédant pas 32 onces.

«Section 4. — Le Commissaire de l'agriculture nommera un commis principal (*chief clerk*), aux appointements de 2,000 dollars, qui le remplacera temporairement en cas d'absence ou de vacances; il nommera, en outre, tels employés que le Congrès jugera à propos de lui adjoindre, et aussi, avec l'approbation du Congrès, tels auxiliaires, temporaires ou permanents, qu'il sera nécessaire, comme chimistes, botanistes, entomologistes et autres personnes versées dans les sciences naturelles appliquées à l'agriculture.

«Le commissaire et le *chief clerk* devront, avant d'entrer en fonctions, verser au Trésor un cautionnement fixé à 10,000 dollars pour le premier et à 5,000 pour le second, comme garantie de leur gestion.

«Approuvé : 15 mai 1862.»

Cette loi n'a été modifiée, depuis son origine, par aucune addition ni par aucun amendement congressionnel; mais l'organisation pratique du Département s'est graduellement développée, et elle comprend aujourd'hui dans ses attributions des services divers non spécialement prévus, tels que l'entretien et la décoration des places, promenades, jardins et parcs publics; la culture et la multiplication des plantes étrangères rares et utiles, susceptibles d'acclimatation sur le sol américain; la reconstitution de l'agriculture rationnelle dans le Sud; l'encouragement de l'enseignement agricole; la centralisation des rapports entre les sociétés rurales et le Département, et aussi des sociétés entre elles, etc. Les principales divisions administratives sont les suivantes :

Bureau du chief clerk. — Statistique et publicité; surintendance des jardins; entomologie; chimie; botanique; collection et distribution des graines et semences; bibliothèque; comptabilité.

Quelques extraits du dernier rapport du Commissaire de l'agriculture pour

1878-1879 feront mieux connaître l'organisme et le fonctionnement de ces diverses divisions que ne le pourrait faire une description analytique :

« . . . . . Les travaux de la *Chemical Division* pendant l'année 1879 peuvent se résumer ainsi :

« Analyse des minéraux, marnes calcaires, phosphates, etc.;

« Analyse d'eaux minérales;

« Analyse de terrains;

« Analyse de plantes industrielles ou médicales;

« Analyse d'engrais, superphosphates, etc.;

« Examen de substances alimentaires ou autres soumises par le Bureau sanitaire (*Board of Health*) du district de Colombie, par diverses commissions du Congrès, par le Département du Trésor, etc.;

« Expériences de production industrielle, sucres de betterave, de sorgho, de maïs, etc. »

Le Commissaire de l'agriculture s'étend longuement sur ces dernières expériences :

« Parmi les sujets de recherches poursuivis par ce Département, dit-il, et qui sont encore incomplets, est l'accroissement de la production du sucre en ce pays. Sans me relâcher aucunement de mes efforts pour encourager l'extension de la culture de la canne tropicale, et aussi pour favoriser l'expérience de la betterave dans certaines régions, mon attention a été plus spécialement portée depuis quelque temps sur la possibilité d'extraire de grandes quantités de sucre du sorgho et du maïs, ainsi que d'une ou deux autres plantes sucrières.

« Après m'être assuré des quantités extraordinaires de sorgho appelé le *Minnesota Early Amber*, je me suis procuré autant qu'il a été possible de semence pure de cette plante et je l'ai distribuée dans chacun des districts congressionnels des États-Unis. Les résultats de cette distribution ont été uniformément favorables, et cette variété a été reconnue comme une précieuse acquisition, rendant partout une grande quantité de jus saccharin, qui, traité convenablement, donne un produit comparable au meilleur sucre et au meilleur sirop de canne dans la proportion de 120 jusqu'à 250 gallons de sirop épais par acre. M. Seth Kenny, de Morristown, Rice County, Minnesota, qui le premier a fait du sucre avec la canne de l'*Early Amber*, écrit qu'il a fait cette saison, pour lui-même et ses voisins, 4,240 gallons de sirop, dont, à la date de sa lettre, il avait vendu 720 à 7 cents le gallon, et dont 13 barils ont été cristallisés. L'exemple de M. Seth Kenny a été suivi par d'autres, qui, satisfaits de l'épreuve, ont l'intention de la renouveler la saison prochaine sur une plus grande échelle. »

Après quelques détails sur diverses expériences partielles faites tant aux environs de Washington sur le sorgho qu'en Pensylvanie sur le maïs, le Commissaire continue : « Il n'est plus nécessaire de démontrer qu'il existe dans ces deux plantes une grande quantité de sucre qui peut être facilement extrait, et que la production possible de cette source est pratiquement illimitée. En réalité, si seulement 1 ou 2 p. o/o de notre présente récolte de maïs étaient livrés à la fabrication du sucre, on obtiendrait un rendement égal à l'entière importation de ce produit si important. Les expériences faites jusqu'ici n'ont pas été assez rigoureuses pour déterminer exactement le prix de revient du sucre de ces origines, mais elles sont suffisantes pour démontrer aux fermiers que ce genre de production est à leur portée et ne présente pas plus de difficulté que la fabrication du beurre ou du fromage.

« C'est l'intention de ce Département que ces intéressantes expériences soient poursuivies jusqu'à la fin, et l'on croit que le travail de la prochaine saison suffira pour fournir toutes les données nécessaires à une mise en œuvre régulière.

« A cette fin, il est désirable que des études soient faites dans des proportions libérales sur différentes espèces de maïs et de sorgho, sur les résultats de divers modes de culture, sur la période de croissance à laquelle la production du sucre atteint le maximum, afin que, sans plus de délais qu'il n'est nécessaire, le pays puisse être mis en état de se livrer intelligemment à cette nouvelle industrie, qui promet de devenir d'une importance capitale dans un prochain avenir. »

Cet extrait est suivi de renseignements également intéressants sur la culture du thé et de différentes plantes alimentaires ou industrielles et économiques que le Département de l'agriculture s'attache à acclimater ou à propager par l'étude et la démonstration de leurs propriétés et de leurs applications. Les études chimiques appliquées à cet objet sont poussées aussi loin que possible et elles servent de base non seulement à des instructions pratiques données aux agriculteurs soit par des publications spéciales, soit par des communications aux organisations agricoles des États, mais encore à l'enseignement des écoles, universités, collèges, qui presque tous comprennent dans leur programme des cours au moins élémentaires sur l'agriculture.

La division chimique est, comme on voit, essentiellement pratique. A cette fin, il existe, adjoint au Département, un laboratoire, qui malheureusement est très insuffisant pour l'importance des travaux à exécuter. Le Commissaire expose que les besoins auxquels a à faire face cette branche de l'Administration exigeraient le concours de vingt à trente employés ou attachés, et il demande au Congrès un crédit de 300,000 dollars pour construire un nouveau laboratoire où s'exécuteraient toutes les études réclamées par les diverses industries procédant de l'exploitation du sol.

Le Département de l'agriculture possède également des terrains sur lesquels sont faites des expériences de culture et d'acclimatation, mais l'espace est trop restreint et l'établissement purement rudimentaire. Les parties les plus intéressantes sont les vergers, les pépinières, les serres, où l'on trouve de beaux spécimens d'arbres à fruits et de plantes rares. La Commission de l'agriculture se plaint justement de l'insuffisance de ce champ d'expérimentation, qui n'est pas même comparable aux plus médiocres jardins botaniques d'Europe, et il demande au Congrès la création d'établissements d'études en rapport avec les ressources et les besoins de l'agriculture aux États-Unis.

« Quand nous considérons, dit-il, l'importance que les nations plus anciennes et plus expérimentées que nous attachent à chaque perfectionnement agricole et l'ample concours qu'elles donnent aux recherches de cette nature, notre Département de l'agriculture semble bien restreint et bien insignifiant.

« Occupant un pays qui possède toutes les variétés de sol et de climat, s'étendant des régions arctiques aux tropiques et dans lequel l'agriculture est le plus grand intérêt, un pays dont la moitié des habitants sont directement adonnés aux professions agricoles, notre Gouvernement est cependant bien loin en arrière de toutes les autres nations civilisées pour les encouragements donnés aux progrès de l'agriculture.

« Aucune dépense ne saurait être plus utile que celle qui serait employée à créer une ferme de 1,000 acres près de cette ville, avec huit ou dix stations annexes dans diverses parties du pays, situées de manière à embrasser les extrémités de latitude et de climat sur le littoral du Pacifique et de l'Atlantique, dans les États du Nord et du Sud et aussi dans ceux du centre.

« Cela permettrait au Département de déterminer sur une échelle suffisamment étendue la valeur des semences et des plantes destinées à être distribuées dans le pays; de faire des expériences complètes sur les engrais, les assolements, les déprédations des insectes et les innombrables objets intéressant l'agriculture et l'horticulture. »

Les travaux botaniques, microscopiques, entomologiques, etc., ont une certaine importance, mais l'une des plus intéressantes divisions du Département est celle de la statistique agricole; ses fonctions sont ainsi définies dans le rapport de 1879 :

« La Division a été occupée, l'année dernière :

« A établir la statistique des produits et des animaux de ferme par l'intermédiaire de quelques 4,000 correspondants;

« A compiler les documents statistiques étrangers fournis par les Gouvernements et par leurs sociétés ou institutions agricoles;

« A répondre aux demandes de renseignements adressées au Département par les membres du Congrès, les chambres de commerce et les personnes intéressées dans l'agriculture, l'industrie, etc.;

« A recueillir les prix des produits de ferme et des animaux sur les principaux marchés des États-Unis;

« Aussi à publier un rapport mensuel des récoltes donnant pour chaque mois un état détaillé et authentique de la superficie, de la condition et de la qualité de chaque récolte, et aussi de la quantité de travail, du taux des salaires et autres matières intéressant la généralité des agriculteurs de ce pays. »

Quelques chiffres empruntés aux états publiés par la Division trouvent ici leur place :

		1870.	1878.
		dollars.	dollars.
	des fermes.................	9,262,803,861	11,207,992,673
Valeur approximative	des animaux de ferme.	1,525,276,747	1,845,584,863
	des instruments et du matériel.........	336,878,429	407,622,899
Valeur totale de la propriété rurale, etc...		11,124,959,037	13,461,200,433

Les produits de ferme végétaux et animaux sont évalués à 2,447,558,658 francs en 1870, et à environ 3 milliards en 1878, en tenant compte : d'une part, de l'augmentation des produits; de l'autre, de la diminution des prix.

Les maladies des animaux domestiques, l'industrie forestière et la distribution des plantes et semences complètent à peu près le cercle des attributions du Département de l'agriculture. Ce dernier objet a une importance considérable. Du 1er juillet 1877 au 30 juin 1878, la Division a distribué 1,115,886 lots de graines diverses, comme suit :

Aux sénateurs et représentants au Congrès chargés de la répartition dans leurs circonscriptions respectives, 635,530 lots;

Aux sociétés agricoles, 71,293 lots;

Aux correspondants pour la statistique, 120,391 lots;

Aux granges, 14,134 lots;

A divers, 274,538 lots, total 1,115,886 lots, généralement en paquets de 1 litre à 1/2 litre. Du 1er juillet au 30 novembre 1878, date des derniers relevés officiels, la distribution a été de 120,748 lots.

Il est aussi sorti des plantations du Gouvernement, dans la même période : 45,750 pieds de thé; 12,201 pieds de fraisiers; 7,181 plants d'oranger, figuier, olivier, etc.; 2,954 plants de vigne et 95,000 boutures de pommier de Russie.

Les crédits alloués par le Gouvernement central pour l'entretien du Département de l'agriculture ont été de 174,686 dollars 96 cents pour 1877, 188,640 dollars pour 1878 et 204,900 dollars pour 1879, non compris les frais d'impression du *Report of the Commission of Agriculture*, qui forme chaque année un volume in-octavo de 500 à 600 pages, et qui est tiré à 300,000 exemplaires par ordre du Congrès, au prix de 25,000 dollars.

Ces 300,000 exemplaires sont répartis comme suit :

224,000 à la disposition de la Chambre des représentants;

56,000 à l'usage du Sénat et 20,000 pour le Département de l'agriculture.

On a vu que le Commissaire de l'agriculture se plaint de l'exiguïté des crédits et de l'insuffisance des moyens dont dispose le Département. La justesse de ces plaintes est universellement reconnue, et il y sera fait droit certainement. Mais le Gouvernement est disposé à aller plus loin que des augmentations de crédit. Il y a en ce moment à l'étude un projet suivant lequel il serait formé un département ministériel de l'agriculture et du commerce, dont le titulaire aurait place dans le cabinet. Ce projet est accueilli avec faveur et sera probablement ratifié par le Congrès.

Les États particuliers ont, en général, comme le Gouvernement central, des bureaux ou *Boards of agriculture*, mais les rapports entre ces *Boards* ou sociétés d'État (*State agricultural Societies*) et le Département central consistent uniquement en correspondances, communications et échanges mutuels; il n'existe pas entre ces institutions de lien hiérarchique officiel, chacune relevant exclusivement des autorités locales, ou d'organisations purement privées. Il en sera parlé en détail au chapitre xvii (*Associations agricoles*).

XVII.

Enseignement agricole : organisation, fonctionnement, résultats.

L'enseignement agricole est relativement récent aux États-Unis. La première tentative pour créer une institution de ce genre remonte à 1837. A cette époque, le gouvernement de l'État de New-York prit l'initiative; des souscriptions particulières répondirent à son appel; un site fut choisi à l'entrée de la crique de Kinderhook, sur les bords de l'Hudson; mais les choses n'allèrent pas plus loin : pour des motifs quelconques, le projet fut abandonné. Il fut repris en 1844, sous les auspices du docteur Beckman, alors président de la *New-York State agricultural Society*. Il fut de nouveau arrêté par suite de la mort d'un des principaux organisateurs, M. John Delafield. Enfin, en 1855, un nouveau projet fut encouragé et pratiquement assisté par la législature, qui autorisa un prêt de 40,000 dollars sans intérêts, pour vingt ans, à condition qu'une pareille somme serait fournie par des souscriptions privées. La somme fut promptement couverte et dépassée de beaucoup; une ferme de 700 acres fut achetée près du village d'Ovid, sur les bords du lac Seneca, dans l'État de New-York. Des bâtiments furent construits pour 150 élèves; la première classe fut organisée en 1860; mais la guerre civile qui a éclaté à cette époque a coupé court au développement de l'institution; fermée provisoirement, elle n'a jamais été rouverte depuis.

En fait, c'est l'État du Michigan qui a fondé le premier, et bien antérieurement à l'essai fait dans l'État de New-York, une véritable école d'agriculture sur des bases solides et définitives. Le *Michigan State agricultural college* a été créé en vertu d'une disposition de la Constitution revisée (*Revised Constitution*) de cet État, adoptée le 15 août 1850. Un acte spécial fut passé, en conséquence, à la session législative de 1855, pourvoyant à l'achat des terres, à la dotation et à l'administration de l'institution. 50,000 dollars furent attribués à la fondation. Un acte additionnel fut passé le 16 février 1857, attribuant au nouvel établissement 55,000 dollars sur les produits de la vente de salines concédées antérieurement à l'État du Michigan par le Gouvernement général. De même, une subvention de 40,000 dollars reçut une destination semblable pour chacune des deux années suivantes, et 676 acres de terre furent achetées à 3 milles 1/2 de Lansing, capitale de l'État. Un bâtiment pouvant contenir 88 élèves y fut élevé, et le 13 mai 1857, en présence du gouverneur, des dignitaires de l'État et d'un immense concours de citoyens, il fut solennellement inauguré.

Le collège ouvrit avec 61 élèves; il a depuis prospéré à souhait, et il est encore aujourd'hui au premier rang des établissements de ce genre aux États-Unis.

Ainsi l'État du Michigan, qui ne datait lui-même que de 1837, a eu l'honneur de créer en Amérique le premier collège d'agriculture entièrement soutenu par le Gouvernement.

D'autres suivirent bientôt, et notamment l'*Agricultural college of Pennsylvania*, qui est l'institution de ce genre la plus complète existant aux États-Unis, la seule, en réalité, qui puisse être comparée aux grandes écoles d'agriculture du continent européen.

Elle comprend 600 acres de terre au centre de l'État. Projetée en 1853, incorporée en 1854, elle a reçu, en 1857, de la *State agricultural Society* une première dotation de 10,000 dollars, bientôt suivie d'une allocation de 25,000 par la législature, à la condition qu'une somme égale serait levée par souscription; une seconde somme pareille fut accordée à la même condition; enfin, le comté de Centre fournit une contribution de 15,000 dollars, ce qui éleva à 125,000 dollars le capital de la fondation. Mais cela ne suffit pas; il fallut encore 55,000 dollars pour terminer les bâtiments et compléter les aménagements. La législature alloua 50,000 dollars pour cet objet en 1861, et le collège put enfin être achevé.

Cependant on n'avait pas attendu jusque-là pour commencer les cours. Le collège avait été ouvert aux élèves en 1858. Le docteur Evan Pugh, qui fut le premier président de l'institution, alla passer deux ans en Europe, visitant les écoles d'agriculture, recueillant des observations, des livres, des collections de minéralogie et de géologie, se familiarisant avec les méthodes d'enseignement et de pratique agricole. Il revint en 1860 et entra en fonctions non seulement comme président, mais encore comme professeur de chimie, d'agriculture scientifique, de minéralogie et de géologie, les autres cours comprenant, outre la langue anglaise, les mathématiques et les éléments de logique, la botanique, l'anatomie végétale et animale, la physiologie, l'horticulture, l'art vétérinaire et toutes les branches de l'industrie et de l'économie agricole. Les études complètes comprennent quatre années. Pendant ces quatre années, chaque élève fournit trois heures par jour de travail pratique, à la ferme, aux étables, au jardin, à la pépinière ou au verger. Le prix de la pension est de 100 dollars par an, ou environ 125 dollars avec les frais accessoires.

L'État du Massachusetts possède aussi une école d'agriculture de premier ordre. Cet établissement est placé sous la protection et la surveillance du *State*

Board of agriculture, dont le secrétaire comprend toujours dans son rapport annuel un chapitre consacré à l'enseignement.

Dans son rapport de 1877-1878, M. C.-L. Flint, qui est secrétaire du Board depuis plus d'un quart de siècle, expose les services rendus tant par cette organisation que par le *Massachusetts agricultural college*, et rappelle, en ces termes, un fait qui ne manque pas d'intérêt : « On ne doit pas oublier que depuis longtemps le *State Board of agriculture* s'est montré partisan zélé de l'éducation rurale et a toujours coopéré cordialement à la prospérité de notre collège agricole. L'influence de cette institution se fait aujourd'hui largement sentir, non seulement dans notre propre pays, mais encore à l'étranger et jusqu'aux îles lointaines du Japon, où M. William Clark, président de notre *Agricultural college*, a fondé un établissement semblable sous les auspices du Gouvernement impérial, avec un président et deux professeurs gradués de notre *Massachusetts agricultural college*. »

De nombreuses expériences ont été faites, soit par les États, soit par des sociétés, pour l'avancement de l'enseignement agricole. Quelques-unes de ces tentatives ont réussi; la plupart ont échoué, soit faute de fonds suffisants, soit par mauvaise administration, soit par suite de l'indifférence du public. Mais, d'une part, les collèges et les universités généralement ont une branche spéciale d'agriculture, et dans un grand nombre d'écoles publiques ou privées il existe des cours où les éléments de cette science sont enseignés. Depuis longtemps les collèges Harvard, Darmouth, Yale et bien d'autres, ainsi que plusieurs universités de la Virginie et de la Georgie, possèdent des classes d'enseignement agricole au même titre que des classes de langues, d'histoire, de mathématiques, de chimie, etc.....

Une mesure aussi libérale que judicieuse a puissamment contribué à l'encouragement de l'enseignement agricole, sous la protection officielle des États. Dans la session de 1861-1862, malgré les préoccupations de la guerre civile, le Congrès a passé trois actes d'une importance capitale pour les intérêts ruraux : le premier a été l'établissement du Département de l'agriculture à Washington, le second a été le *Homestead Bill*, et le troisième, l'*Agricultural college act*, qui a concédé à chaque État 30,000 acres de terre pour chaque sénateur ou représentant auquel il a droit aux termes du dernier recensement, afin de constituer une dotation au moins pour un collège dans lequel, sans exclure les auteurs classiques ou scientifiques, il serait établi un cours permanent pour l'enseignement des principes de l'agriculture et des arts mécaniques. Aux termes de cet acte, 10 p. o/o du produit de ces terres pouvaient être employés à l'achat d'une ou plusieurs fermes expérimentales; le reste devait former un fonds permanent et inaliénable pour être placé au minimum de 5 p. o/o d'intérêt sous la responsabilité de l'État et servir à l'enseignement agricole et industriel des classes populaires. Les États, pour profiter de ces avantages, devaient signifier leur acceptation dans l'espace de deux ans après le passage de la loi. Les effets de cet acte ont été des plus favorables, et en définitive il existe aujourd'hui aux États-Unis 42 collèges agricoles jouissant de la dotation nationale offerte par l'acte du 2 juillet 1862. En voici la liste complète :

NOMS DES INSTITUTIONS.	NOMBRE D'ACRES de chaque FERME.	COMTÉS.	ÉTATS.
Agricultural and Mechanical College of Alabama	200	Lee.	Alabama.
Arkansas Industrial University	160	Washington.	Arkansas.
Agricultural, Mining and Mechanical Arts College, University of California	200	Alameda.	Californie.
Sheffield scientific school, Yale College	//	New-Haven.	Connecticut.
Agricultural Department of Delaware College	70	New-Castle.	Delaware.
Florida state Agricultural College	//	Leon.	Floride.
Georgia state College of Agriculture and Mechanic Arts	//	Clarke.	Georgie.
North Georgia Agricultural College	//	Lumpkin.	*Idem.*
Illinois Industrial University	623	Champaign.	Illinois.
Purdue University, Agricultural College	188	Tippecanoe.	Indiana.
Iowa state Agricultural College	870	Story.	Iowa.
Kansas state Agricultural College	415	Riley.	Kansas.
Agricultural and Mechanical College, Kentucky University	433	Fayette.	Kentucky.
Agricultural and Mechanical College of Louisiana	200	Orléans.	Louisiane.
Maine state College of Agriculture and Mechanic Arts	370	Penobscot.	Maine.
Maryland Agricultural College	270	Prince-George's.	Maryland.
Massachusetts Institut of Technology	//	Suffolk.	Massachusetts.
Massachusetts Agricultural College	384	Hampshire.	*Idem.*
Michigan state Agricultural College	676	Ingham.	Michigan.
College of Agriculture and Mechanic Arts, University of Minnesota	143	Hennepin.	Minnesota.
College of Agriculture and Mechanic Arts, University of Mississipi	200	La Fayette.	Mississipi.
Alcorn University	?	Jefferson.	*Idem.*
Agricultural and Mechanical College, University of Missouri	600	Boone.	*Idem.*
Missouri school of Mines and Metallurgy, University of Missouri	?	Phelps.	*Idem.*
Agricultural College, University of Nebraska	480	Lancaster.	Nebraska.
College of Agriculture, University of Nevada	?	Elko.	Nevada.

NOMS DES INSTITUTIONS.	NOMBRE D'ACRES de chaque FERME.	COMTÉS.	ÉTATS.
New-Hampshire College of Agriculture and Mechanic Arts, Darmouth College....	163	Grafton.	New-Hampshire.
Scientific school of Rutgers College.....	99	Middlesex.	New-Jersey.
College of Agriculture, Mechanical Arts, Cornell University...............	200	Tompkins.	New-York.
Agricultural and Mechanic College, University of N. C.................	?	Orange.	Caroline du Nord.
Ohio Agricultural and Mechanical College.	320	Franklin.	Ohio.
State Agricultural College, Cornwallis, Oregon......................	36	Benton.	Oregon.
Pennsylvania state College of Agriculture.	600	Centre.	Pensylvanie.
Agricultural and Scientific Department, Brown University...............	″	Providence.	Rhode-Island.
South Carolina Agricultural College, Claflin University.................	116	Orangeburgh.	Caroline du Sud.
Tennessee Agricultural College, University of East Tennessee...............	260	Knox.	Tennessee.
Agricultural and Mechanical College of Texas......................	2,400	Brazos.	Texas.
University of Vermont and state Agricultural College...................	″	Chittenden.	Vermont.
Virginia Agricultural and Mechanical College......................	244	Montgomery.	Virginie.
Hampton Normal and Agricultural Institute......................	125	Elizabeth-City.	*Idem.*
Agricultural Department, University of W. Virginia...................	25	Monongalia.	Virginie occid^le.
College of Arts and University of Wisconsin.	214	Dane.	Wisconsin.

XVIII.

Associations agricoles. — Organisation, modes d'action et ressources de ces sociétés. — Influence de ces associations sur les progrès de l'agriculture locale.

Comme on l'a vu à la fin du chapitre XVI, chaque État a son bureau de l'agriculture (*State Board of agriculture*) ou une société (*State agricultural Society*), officiellement constitués. Ces *Boards* ou *sociétés* sont quelquefois doublés dans le même État de sociétés auxiliaires, ayant pareillement une organisation officielle, relevant directement de l'État. Ainsi, le Connecticut a trois institutions de ce genre : *Connecticut state Board of agriculture*, *Connecticut state agricultural Society* et *Connecticut state poultry Society*. Cette dernière est, comme l'indique son nom, spécialement consacrée à l'élève et à l'exploitation de la volaille, dont nombre de fermiers dans cet État font une spécialité. L'Illinois a un *State Board of agriculture* et une *State agricultural Society;* de même l'Indiana, l'Iowa, le Kansas, le Kentucky, le Massachusetts, etc..... Le Michigan a une *State agricultural Society* et une *State pomological Society :* cet État est, en effet, un de ceux qui cultivent les fruits sur la plus grande échelle; c'est là, aux environs de Benton-Harbour et de Saint-Joseph, que se trouve la plus dense agglomération de pomiculteurs qu'il y ait dans l'Union.

L'Illinois méridional vient après, bien qu'à distance. On compte dans ce dernier État nombre de fermes de 5o acres et plus, exclusivement plantées en vergers, qui déversent annuellement des quantités énormes de pommes, de poires, de pêches, de raisins, etc..... sur le marché de Chicago.

Les États suivants ont des sociétés d'horticulture (*State horticultural Societies*) indépendamment de leur *State Board of agriculture :* Minnesota, Missouri, Nebraska, Oregon, Pensylvanie, Rhode-Island, Tennessee, Virginie et Wisconsin. Le New-Jersey a de plus une *State cranberry* [1] *grower's association.* New-York, outre la *State agricultural Society,* a des institutions spéciales pour la culture de la vigne (*State grape grower's association*), pour la production de la laine (*heep Breeders et Wool grower's association*), pour la production et l'exploitation du laitage sous ses différentes formes (*State Dairymen's association*). L'Ohio a son *Board of agriculture,* et il joint à sa Société d'horticulture une institution spéciale pour la culture du sorgho (*Ohio state Board of sorgho culture*). Enfin, le Vermont possède, comme New-York, un *State Dairymen's association.*

A ces sociétés ayant caractère d'institutions publiques et embrassant la circonscription d'un État se rattachent indirectement des associations de comté ou de district qui ont aussi chacune une constitution privée, mais qui jouissent de certains privilèges à charge de certaines obligations correspondantes. Ces sociétés se comptent par centaines et sont organisées suivant des formes très diverses; mais elles sont toujours soumises à des réglementations générales, dont on trouvera un exemple dans quelques citations empruntées aux statuts de l'État de Massachusetts concernant les sociétés agricoles [2].

« SECTION 1. — Toute société agricole incorporée qui aura réuni par souscriptions particulières et placé à intérêt, sur sécurité publique ou privée, ou consacré à des biens-fonds, bâtiments, terrains, etc., à son usage, un capital de 1,ooo dollars, aura droit à recevoir, au mois d'octobre de chaque année, sur le Trésor de l'État, la somme de 2oo dollars, et ainsi de suite dans cette proportion pour toute somme additionnelle de 1,ooo dollars placée à intérêt ou employée pour le service permanent de la Société; cette subvention ne pourra cependant jamais dépasser 6oo dollars pour une seule société.

« ..... SECTION 5. — Toute société profitant de ces dispositions devra,

---

[1] *Cranberry* (canneberge), petit fruit rouge dont il se fait une immense consommation aux États-Unis et qui est une branche du commerce local, d'une certaine importance.

[2] *General statutes,* ch. LXVI.

avant le 10 janvier de chaque année, faire un rapport détaillé de ses actes, signé par son président et son secrétaire et adressé au secrétaire du *Board of agriculture* : ledit rapport comprendra un état de dépenses spécifiant la nature des encouragements offerts par la Société, les objets pour lesquels des primes auront été distribuées; il comprendra aussi tous les rapports des comités et tous les comptes rendus d'expériences de culture que le président et le secrétaire jugeront dignes d'être publiés; enfin on y ajoutera telles observations sur l'état général de l'agriculture et de l'industrie locale qui sembleront utiles.

« Section 6. — Une société qui négligera une année de se conformer aux lois qui la concernent ou aux règlements du *Board of agriculture* n'aura pas droit à la subvention de l'État pour l'année suivante.

« Section 7. — Toute société recevant une telle subvention devra offrir annuellement sous forme de primes, ou devra appliquer autrement à l'encouragement ou au progrès de l'agriculture, une somme égale ainsi reçue, et elle devra offrir telles primes que prescrira le *Board of agriculture* et de la manière qu'il indiquera.

« Section 8. — Chacune de ces sociétés devra offrir annuellement pour la culture et la conservation des chênes et autres arbres forestiers telles primes ou tels encouragements qu'il sera jugé convenable pour conserver dans l'État une provision suffisante de bois pour la marine.

« Section 9. — Toutes sommes offertes en prix qui resteront sans attribution seront placées à intérêt et ajoutées à l'avoir de la société. »

Suivent des dispositions de détail relativement à l'organisation des meetings, expositions, concours, congrès, etc.

Le chapitre clxxxix des mêmes *General statutes* dispose :

« Section 2. — Toute société agricole publiant ses transactions et envoyant ses rapports au secrétaire du *Board of agriculture*, comme il est dit au chapitre lxvi, section 5, des *General statutes*, aura droit à un délégué audit *Board*, conformément au chapitre xvi desdits statuts. »

Le chapitre xvi des statuts auxquels il est fait ici allusion règle l'organisation et la composition du *State Board of agriculture*. En voici les dispositions principales :

« Section 1. — Le gouverneur, le lieutenant-gouverneur et le secrétaire de l'État, une personne nommée par chacune des sociétés agricoles recevant une subvention annuelle de l'État et trois autres personnes nommées par le gouverneur avec l'agrément du conseil, formeront le *State Board of agriculture*.

« Section 2. — Un tiers des membres nommés du *Board* se retireront le premier mercredi de février de chaque année, et les deux autres tiers de même successivement, pour être remplacés de la même manière qu'ont été faites les premières nominations.....

« SECTION 5. — Le *Board* étudiera tels sujets relatifs à l'agriculture dans cet État qu'il jugera convenable. Il recevra et administrera telles donations ou tels legs faits pour l'avancement de l'instruction agricole et pour les intérêts généraux de l'agriculture.

« SECTION 6. — Il prescrira la forme et les données générales des rapports fournis par les différentes sociétés agricoles, auxquelles il fournira les cadres et formules nécessaires pour l'uniformité des relevés statistiques.

« SECTION 7. — Avant le quatrième mercredi du mois de janvier de chaque année, il fournira à la législature, par l'intermédiaire de son président et de son secrétaire, un rapport détaillé de ses opérations, avec telles recommandations et suggestions qui seront jugées utiles.

« SECTION 8. — Le secrétaire du *Board* fera imprimer chaque année, pour être distribué, un résumé aussi complet que possible des rapports qui lui parviendront sur les travaux des sociétés agricoles de l'État.

« SECTION 9. — Il pourra être nommé un ou plusieurs agents pour visiter les communes de l'État sous la direction du *Board*, afin de s'enquérir des méthodes et des besoins de l'agriculture pratique; de s'assurer de la judicieuse adaptation des produits à la nature du sol, du climat, des marchés, etc......; d'encourager l'établissement de clubs de fermiers, de bibliothèques agricoles, et de disséminer les enseignements utiles par des lectures ou par tous autres moyens à la portée de tous. Ces agents adresseront chaque année, au mois d'octobre, des rapports détaillés au secrétaire du *Board*. »

On a vu par ce qui précède, surtout au chapitre XVI des *General statutes*, que le gouverneur, le lieutenant-gouverneur et le secrétaire de l'État sont de droit membres du *Board of agriculture*. Le même privilège est attribué au chimiste de l'institution et au président du *Massachusetts agricultural College*. En conséquence, le *Board* est aujourd'hui composé comme suit :

1° Cinq membres d'office (le gouverneur, le lieutenant-gouverneur et le secrétaire d'État, le président du collège agricole et le chimiste du *Board*);

2° Trois membres nommés par le gouverneur, avec l'approbation du conseil;

3° Vingt-neuf membres délégués par autant de sociétés de comté recevant des subventions de l'État.

Ces vingt-neuf sociétés ont reçu ensemble pour l'année 1878-1879 :

dollars.

De l'État.. 15,541 57

Elles ont reçu en outre :

Revenu de leur fonds permanent montant ensemble à 347,499 dollars
  60 cents... 9,970 76
Nouveaux membres et donations 2,903 39
D'autres sources 65,039 46

      TOTAL de leurs ressources pour 1878-1879......... 93,455 18

Sur ces sommes, il a été payé des primes et gratifications sous les titres et dans les proportions qui suivent :

	dollars.
Direction et amélioration des fermes, vergers, etc..............	1,191 00
Bestiaux de boucherie et laiterie.........................	6,423 40
Chevaux de ferme..................................	3,229 00
Autres animaux de ferme.............................	3,630 01
Céréales et semences................................	1,179 95
Racines et légumes.................................	1,242 90
Divers grains et racines..............................	1,993 01
Fruits, fleurs, etc..................................	2,484 17
Laiterie..	610 50
Miel, fruits conservés, etc............................	651 64
Instruments d'agriculture.............................	344 25
Expériences sur les engrais............................	207 00
Chevaux trotteurs..................................	7,725 45
Objets non nécessairement agricoles, industries domestiques, meubles, ustensiles, etc............................	10,303 27
Total............................	41,215 55

Ces primes et gratifications ont été réparties entre 8,449 personnes.

Une semblable analyse pourrait s'étendre à tous les États agricoles de l'Union ; les bases sont partout les mêmes. Cependant, voici encore comme exemple, et pour répondre aussi complètement que possible à la demande contenue dans le sommaire de ce chapitre, une traduction de la *Constitution* de la *State Agricultural Society* du Kansas, instituée en 1862 :

« Article premier. — Le nom de cette association sera *the Kansas state Agricultural Society*.

« Art. 2. — Les officiers de cette société seront : un président, un secrétaire et un trésorier, qui constitueront un comité exécutif, avec dix autres membres choisis dans ce but. Ces officiers seront élus à la majorité des votes à l'assemblée annuelle de la société ; ils rempliront leurs fonctions pendant un an et jusqu'à ce que leurs successeurs soient élus. Le président de chaque société de comté sera *ex officio* secrétaire correspondant pour ce comté ou pour cette société. Le comité exécutif, à l'assemblée annuelle de janvier 1863, désignera au scrutin la moitié de ses membres pour siéger pendant deux ans, et les cinq autres siégeront seulement pendant un an ; et, dans la suite, d'année en année, il sera ainsi procédé au remplacement de la moitié du comité exécutif.

« Art. 3. — Les fonctions du président et du secrétaire seront telles qu'il appartient normalement à leurs offices respectifs.

« Art. 4. —- Le trésorier recevra tout l'argent appartenant à la société et en tiendra un compte exact ; il payera seulement sur ordre du comité exécutif, et à chaque assemblée annuelle de la société il fera un rapport complet de ses opérations financières, ainsi que de la situation.

« Art. 5. — Le Comité exécutif déterminera le lieu où se tiendront l'assemblée et les comices (*fair*) annuels de la société et il convoquera ces assemblées et ces *fairs* à l'époque qu'il jugera le plus convenable.

« Art. 6. — Le comité exécutif ordonnera les dépenses de la société et aura la disposition des valeurs lui appartenant. Il fera les préparatifs nécessaires pour les *fairs* annuelles et il fera les règlements de la société. La majorité du comité pourra nommer un président et un secrétaire chargés de le représenter dans les affaires courantes; le secrétaire signera et le président contresignera tous les ordres de payement pour le trésorier; le secrétaire tiendra un compte de toutes les sommes ainsi ordonnancées.

« Art. 7. — Le comité exécutif sera chargé de régler et de distribuer des primes sur tels articles de production ou de perfectionnement qu'il jugera propres à l'avancement des intérêts agricoles et de l'industrie domestique de l'État.

« Art. 8. — Le comité exécutif se réunira annuellement, dans la capitale de l'État, au plus tard le second mardi de janvier et préparera immédiatement un rapport sur les opérations de la société pendant l'année précédente; ce rapport rendra compte des travaux des comités, des expériences, des essais de culture et d'améliorations, actes de sociétés de comté, correspondances, statistiques et autres matières dont la publication fera connaître l'état des sociétés agricoles du Kansas et dont la diffusion contribuera, dans le jugement du comité, à augmenter la rémunération du travail et, par suite, la prospérité générale de l'État. Aussitôt que cela sera possible, le comité transmettra ces documents au speaker de la Chambre des représentants pour l'usage de la législature.

« Art. 9. — Aucun officier de cette société, excepté le secrétaire, ne recevra d'émoluments pour ses services; le comité exécutif fixera la rémunération du secrétaire.

« Art. 10. — Toute personne peut devenir membre de la société d'agriculture de l'État du Kansas en versant un dollar entre les mains du trésorier. On peut devenir membre à vie en payant dix dollars; dans ce cas, il sera délivré un diplôme signé du président et du secrétaire.

« Art. 11. — Les diverses sociétés agricoles des comtés actuellement existantes ou qui pourraient exister dans l'État seront considérées comme auxiliaires de la société d'État; le secrétaire de celle-ci demandera et recevra des rapports des sociétés de comté qui serviront à préparer le rapport annuel à la législature dont il est parlé à l'article 8.

« Art. 12. — Le président et le secrétaire de chaque société agricole de comté et tous les membres à vie de cette société pourront assister à l'assemblée annuelle du comité exécutif et prendre librement part aux discussions qui y auront lieu.

« Art. 13. — La première réunion du comité exécutif sera tenue à l'endroit et à l'époque qui seront fixés par la majorité des membres désignés à l'article 12.

« Art. 14. — La présente constitution ne pourra être amendée que par un vote des deux tiers des membres présents à une assemblée annuelle de la société. »

Dès la première année, la liste des membres à vie comprenait cent quatre-vingt-six noms, parmi lesquels les plus éminents du pays. Une première assemblée générale fut tenue le 13 janvier 1863. Il y fut décidé qu'une première *fair* aurait lieu dans l'année et qu'il serait créé un journal mensuel sous le titre de *the Kansas Farmer* (*le Fermier du Kansas*), *journal of the State agricultural Society*.

Cette double résolution définit exactement les deux principaux moyens usités pour le développement des intérêts agricoles, les comices, expositions, concours, etc., les réunions en un mot qui constituent ce qu'on appelle une *fair* et *la presse*. La presse agricole a dans ce pays une situation immense et une importance telle qu'elle n'en a probablement dans aucun autre. Quant aux *fairs*, l'usage en est également répandu dans des proportions extraordinaires. Il n'y en a pas eu, dans le cours de l'année 1879, moins de 29 dans l'État de Massachusetts, 30 dans chacun des États de New-York et du Wisconsin, 54 dans le Kansas, 65 dans l'Ohio, 74 dans l'Indiana, 96 dans l'Illinois, et en tout 586 dans les différentes parties des États-Unis.

Ces *fairs* se tiennent généralement dans des emplacements appropriés à des services, fêtes, exercices, réunions publiques de toute sorte et qui appartiennent soit à des particuliers ou à des compagnies qui les louent pour l'occasion, soit aux sociétés agricoles elles-mêmes, qui, en dehors de ces solennités temporaires, s'en servent généralement comme de champ d'expérimentation et d'études pour des essais de culture, d'améliorations, d'acclimatation, d'élevage, etc. Il s'y trouve toujours un champ de course, de l'eau, et le plus souvent des ombrages. Ces endroits sont généralement entretenus avec soin et entourés de haies vives ou de palissades en bon ordre.

« Certaines de ces *fairs* et les *fairs* d'État, en général, ont une importance considérable. Par exemple, la vingt-septième *State fair* de l'Illinois, tenue à Springfield du 29 septembre au 4 octobre 1879, peut donner une idée de ces sortes d'organisation. En voici un aperçu :

Extrait du programme publié par le State Board of agriculture
de l'État de l'Illinois.

« Le terrain de la *fair Springfield Fair grounds* est situé à quelques pas du *Chicago and Saint-Louis Railroad* et du *Springfield and Northwestern Railroad*. L'entrée est au terminus du tramway Oak-Ridge et une autre ligne de cars urbains partant du centre de la ville et aboutissant au *Fair grounds* est actuellement en cours de construction. Le chemin de fer de Chicago à Saint-Louis du côté ouest, le chemin de fer *Springfield and Northwestern* du côté est de la ville, auront des trains spéciaux pour la *fair* toutes les demi-heures, indépendamment des trains réguliers.

« Les hôtels et *Boarding Houses* (pensions) conserveront les prix ordinaires ; les personnes préférant la vie d'intérieur trouveront un comité qui se chargera de les adresser à des familles particulières, où elles seront reçues à des conditions raisonnables. Pour celles qui désireront camper hors de la ville, il sera assigné des places convenables gratuitement par le surintendant de la *fair*.

« L'attention des boards et sociétés d'agriculture est particulièrement appelée sur les primes libérales offertes aux exposants.

« Les rédacteurs et reporters s'adresseront au surintendant du Département de la presse, qui aura pour eux tous les égards convenables et leur fournira tous les moyens en son pouvoir pour obtenir les meilleures informations dans l'intérêt public.

« Des conférences seront données pendant la semaine par des écrivains et orateurs d'un mérite reconnu.

« Les représentants des diverses organisations agricoles de l'État sont invités à assister à la *fair* et à se présenter au comité de réception, où ils seront cordialement accueillis. »

Suivent les règles adoptées pour l'organisation et pour la tenue de la *Fair*; puis la division par classes des objets admis au concours et les chiffres des prix offerts pour chaque division et subdivision.

Le concours comprend treize classes, divisées en 115 sections, pour lesquelles ont été distribués 1,351 prix s'élevant ensemble à 15,263 dollars en espèces, plus un certain nombre de médailles d'argent et de diplômes.

Voici le résumé compilé du rapport détaillé du *State Board of agriculture* de l'Illinois :

CLASSES.	SUJETS.	NOMBRE de SECTIONS par CLASSE.	NOMBRE de PRIX par CLASSE.	MONTANT des PRIX par CLASSE.	QUOTITÉ MOYENNE DES PRIX.	MAXIMUM des PRIX par CLASSE.	MINIMUM des PRIX par CLASSE.
				dollars.	dollars.	dollars.	dollars.
A	Bêtes à cornes.........	19	89	3,497	32 00	80	10
B	Chevaux, ânes et mules..	19	111	3,996	36 00	50	1
C	Moutons.............	12	96	1,290	13 00	20	5
D	Porcs...............	10	105	1,485	14 00	20	5
E	Volaille	16	306	809	2 66	4	2
F	Arts mécaniques [1]......	8	128	"	"	"	"
G	Produits de ferme......	4	87	713	8 00	25	2
H	Horticulture [2].........	10	186	1,292	6 00	50	1
I	Beaux-arts [3]..........	4	73	"	"	"	"
K	Tissus, ouvrages à l'aiguille.............	6	137	586	4 00	8	1
L	Histoire naturelle [4].....	2	10	235	23 50	50	10
M	Exercices militaires [5]....	1	5	1,050	210 00	400	50
N	Éducation............	4	18 [6]	310	17 00	20	5

[1] Point de prix en argent; médailles d'argent ou diplômes.
[2] Articles divers ou collections.
[3] Point de prix en argent; médailles ou diplômes.
[4] Articles divers ou collections.
[5] Par compagnies.
[6] Plus 18 diplômes.

Il va sans dire que c'est seulement dans les États d'un grand développement agricole que les *fairs* peuvent avoir ces proportions. Cependant les 96 *fairs* de comté qui ont été tenues en 1879 dans l'Illinois ont distribué des prix montant ensemble à 168,648 dollars 44 cents, soit 1,760 dollars en moyenne, ce qui ne laisse pas que d'être considérable.

Mais pour faire juger de la popularité et de l'influence de ces institutions non seulement sur les progrès de l'agriculture, mais encore sur l'esprit public en général, un exemple trouvera utilement sa place : il est emprunté à la *fair* donnée en 1878 par la *State agricultural Society* du Wisconsin à Madison, chef-lieu administratif de cet État. Non seulement le président des États-Unis, M. Hayes, a assisté à cette fête, mais encore il l'a choisie pour y prononcer un grand discours embrassant toutes les questions politiques, financières, économiques, de son Gouvernement et destiné à un grand retentissement. Ce n'est pas le lieu d'entrer dans le détail de cette harangue, qui n'a d'ailleurs qu'indirectement trait à l'agriculture et aux sociétés agricoles; mais quelques mots empruntés à l'adresse d'ouverture de M. N.-D. Pratt, président de la *State agricultural Society* du Wisconsin, donneront le ton général de l'institution :

« Ces réunions annuelles de producteurs énergiques, intelligents, expérimentés, ne peuvent manquer d'être d'une grande utilité pour eux-mêmes et pour le pays. Vous êtes des hommes représentant des spécialités diverses. Venus de toutes les parties de l'État, vous apportez au foyer commun les résultats intellectuels de votre travail; vous le faites souvent au prix de sacrifices de temps et d'argent, mais avec l'espoir d'un juste retour; vous le faites sous l'empire d'une généreuse émulation et avec le désir cordial du bien de tous; vous venez ici pour apprendre et pour enseigner. Vous comparerez vos produits avec ceux des autres, vos voisins ou vos concitoyens éloignés; vous jugerez des modes de production différents des vôtres; vous prendrez note des méthodes et des instruments qui économisent le temps; vous acquerrez des idées nouvelles et utiles sur tous les sujets relatifs à votre profession et vous les emporterez avec vous pour en faire votre profit dans la pratique. Enfin vous éveillerez l'esprit d'amélioration chez vos voisins.

« Ces avantages ne sont qu'une minime partie des résultats de ces réunions. Qui pourra supputer la valeur matérielle pour le pays des races pures de chevaux et de bétail qui font l'ornement et la fortune de vos fermes? Leur introduction a été principalement le fruit de l'émulation et des connaissances acquises par l'intermédiaire des sociétés agricoles à nos *fairs* annuelles. Et cependant l'éducation qui éveille la pensée et développe les goûts esthétiques est encore plus précieuse pour nous, hommes de travail, que le profit en argent. Il appartient à notre société de montrer que cette délicate perception de la puissance procédant de l'association du beau et de l'étude est compatible avec la rudesse de la main qui travaille. Qui pourra jeter les yeux sur les magnifiques animaux réunis ici pour notre instruction sans percevoir l'harmonie qui existe entre la beauté et la puissance? Je n'ai pas le temps, dans les quelques mots que j'ai à vous dire, de recommander cette admirable exposition dans tous ses détails, ni même dans ses principales divisions, non plus que de montrer comment ces expositions variées, tendant à éveiller la réflexion et le sentiment, développent nos facultés morales et intellectuelles. Mais j'ose dire ici que, dans ma sincère conviction, il y a dans la réunion de tous les objets d'étude soumis ici à notre observation, dans notre belle collection d'animaux vivants, dans nos riches spécimens d'agriculture et d'horticulture, dans notre Département des beaux-arts, dans la galerie d'objets manufacturés et d'appareils industriels, des influences éducationnelles supérieures dans leurs résultats pratiques à tous les éléments d'instruction qui pourraient se trouver ailleurs dans le même espace de temps; je veux dire, et je désire que vous compreniez bien ma pensée, que nulle part en ce pays, dans une semblable période de temps et pour un pareil nombre de personnes, il n'y a de tels éléments d'instruction que ceux qui nous sont offerts; nulle part autant de connaissances utiles à acquérir, tant pour l'enrichissement de l'esprit que pour les intérêts pratiques qui sont la base de nos existences privées et de la fortune nationale. »

Quelques notes extraites de la *Constitution* de la *Wisconsin State agricultural*

Society montreront, pour conclure, que toutes ces organisations sont modelées sur le même patron, et en même temps elles préciseront davantage l'esprit et les voies des institutions agricoles en général. Ces notes sont empruntées à la définition des fonctions des divers membres du comité exécutif.

« Les fonctions du secrétaire consisteront :

« 1° A faire un procès-verbal de chaque séance du comité, etc.;

« 2° A ouvrir et à entretenir telles correspondances qui pourront être utiles à la société ou à la cause du progrès agricole, non seulement avec des agriculteurs particuliers et avec des hommes pratiques ou scientifiques dans les autres branches industrielles, mais encore avec d'autres associations analogues à la nôtre, tant dans ce pays que dans les pays étrangers;

« 3° A réunir et à mettre dans un ordre commode pour l'étude les ouvrages et publications périodiques ayant trait à l'agriculture, ainsi que les modèles, machines et outils qui peuvent être acquis à la société, soit par donations ou autrement;

« 4° A examiner, autant que possible, la nature des engrais, plantes, insectes, etc., dont l'étude peut être profitable et en conserver les spécimens;

« 5° A instituer des expériences relatives à la préparation des diverses espèces de sols pour une exploitation économique; à la culture de différentes graines, de fruits, de légumes; à l'élève des bestiaux, etc.;

« 6° A visiter, suivant son propre jugement ou sur les instructions du comité exécutif, les diverses parties de l'État et à donner des conférences sur la science et la pratique de l'agriculture partout où cela peut paraître désirable;

« 7° A coopérer, avec le surintendant de l'instruction publique et l'agent du bureau de l'École normale, à l'introduction dans l'usage des écoles du Wisconsin des bons ouvrages d'agriculture ou autres sciences et arts industriels;

« 8° A assister, autant que possible, aux exhibitions industrielles, et particulièrement aux *fairs* de comté du Wisconsin; à coopérer avec le président et les membres du comité d'organisation pour la judicieuse préparation et l'administration de notre exhibition d'État;

« 9° A condenser les éléments et à diriger la publication du rapport annuel de la société au gouverneur de l'État, rapport dans lequel seront compris les procès-verbaux de la *State agricultural Society*, des extraits des rapports des sociétés agricoles de comté et tels rapports, mémoires ou adresses ou tous autres documents de nature à augmenter la valeur de ce rapport.

« Enfin il sera du devoir du secrétaire, non seulement par les moyens ci-dessus indiqués, mais encore par tous les procédés qu'il jugera convenables, d'accord avec le comité, de consacrer son temps et ses soins à l'avancement des intérêts agricoles de l'État. »

La *Wisconsin State agricultural Society* compte environ six cents membres à vie.

NOMBRE DES SOCIÉTÉS AGRICOLES D'ÉTAT, DE COMTÉ OU DE DISTRICT
DANS TOUS LES ÉTATS-UNIS.

Alabama	13
Arkansas	15
Californie	16
Caroline { du Nord	27
Caroline { du Sud	10
Colombie (District de)	1
Colorado	5
Connecticut	47
Dakota (Territoire de)	3
Delaware	10
Floride	5
Georgie	77
Idaho (Territoire d')	4
Illinois	133
Indiana	99
Indien (Territoire)	1
Iowa	144
Kansas	106
Kentucky	33
Louisiane	9
Maine	62
Maryland	27
Massachusetts	74
Michigan	70
Minnesota	43
Mississipi	11
Missouri	86
Montana	1
Nebraska	35
Nevada	"
New-Hampshire	21
New-Jersey	23
New-York	153
Ohio	138
Oregon	7
Pensylvanie	94
Rhode-Island	6
Tennessee	55
Texas	41
Utah	33
Vermont	25
Virginie	36

A reporter..................... 1,799

Report. 1,799

Virginie occidentale.   11
Washington (Territoire de).   10
Wisconsin   81

TOTAL. 1,901

Ces sociétés réunies comptent ensemble environ 250,000 membres.

Le Consul général de France à New-York,

EDMOND BREUIL.

ANNEXE.

SITUATION DE L'AGRICULTURE ET CONDITIONS DE PRODUCTION EN CALIFORNIE.

Réponse au questionnaire joint à la circulaire ministérielle du 8 juillet 1879.

San-Francisco, le 1ᵉʳ octobre 1879.

ORGANISATION DE LA PROPRIÉTÉ RURALE.

Par le traité de Guadalupe, conclu en 1848 avec le Mexique, le Gouvernement des États-Unis est devenu, conformément à la Constitution fédérale, propriétaire de tout le territoire de la Californie, à l'exception des terres concédées antérieurement à la guerre et dont la possession était garantie aux détenteurs.

En vertu de lois générales et spéciales, une partie de ce domaine national a été aliéné: ainsi, d'un côté, l'État de Californie a reçu, à titre de fidéicommis, plusieurs millions d'hectares de terres à prendre dans le domaine libre de l'Union, à la condition de les vendre et d'en consacrer le prix à des objets déterminés, principalement à la création et à l'entretien des écoles publiques; et, d'un autre côté, une subvention de 12,800 acres de terres par mille, soit 3,200 hectares par kilomètre, a été accordée à divers chemins de fer pour toute la longueur de leur parcours dans l'État; enfin des milliers de familles ou d'individus ont profité du bénéfice des lois de préemption et de *homestead* pour s'établir sur des terres publiques.

Il résulte de ce qui précède que la propriété rurale de ce pays est partagée aujourd'hui entre le Gouvernement fédéral, l'État de Californie, les chemins de fer et les particuliers.

Les terres publiques et celles qui sont la propriété des chemins de fer ne se vendent jamais à l'encan; ce mode de vente est quelquefois employé quand il s'agit d'une grande étendue divisée en lots.

La vente particulière est la seule qui soit généralement usitée pour toutes les terres autres que celles qui forment le domaine fédéral.

Le prix réalisable par vente publique ou particulière sera indiqué à l'article 3 pour toute espèce de terres. Il est rarement acquitté au comptant, mais en un plus ou moins grand nombre d'annuités, portant intérêt au taux de 8 à 15 p. o/o par an, et il est garanti par une hypothèque.

Le droit d'acquérir et d'occuper les terres publiques libres est subordonné à la qualité de citoyen ou du moins à la déclaration officielle d'intention de le devenir, et les lois de préemption et de *homestead* déterminent l'étendue de ce droit et les conditions requises pour l'exercer. Aux termes de la première, tout citoyen ou assimilé, marié ou majeur, peut réclamer la préemption, au prix de 1 dollar 25 par acre ou 15 fr. 43 cent. par hectare, payable par fractions, d'une étendue de terres ne dépassant pas 160 acres ou 64 hectares 75, en s'engageant à y faire, chaque année et pendant cinq ans de suite, des améliorations d'une valeur fixée et à payer en totalité le prix ci-dessus. Cet engagement accompli, un titre définitif est délivré.

La loi de *homestead* est beaucoup plus libérale; elle accorde et concède à tout citoyen ou assimilé le droit d'entrer en possession, moyennant payement d'une somme de 50 francs pour frais d'actes et d'enregistrement, d'une étendue de terres au-dessous de 160 acres ou 64 hectares 75, à la seule condition de joindre à sa demande une déclaration sous serment par laquelle il affirme qu'il est marié ou majeur, qu'il a fait sa demande dans son intérêt exclusif et dans le but de s'établir immédiatement sur les terres et de les cultiver, et que de plus personne n'y est intéressé directement ou indirectement. Sur la constatation d'une résidence continue de cinq ans, une patente ou titre définitif est délivré.

ÉTENDUE DES FERMES.

On considère comme grandes fermes toutes celles qui renferment plus de 1,000 acres ou 400 hectares, comme fermes moyennes celles renfermant de 150 à 1,000 acres ou 60 à 400 hectares, et comme petites fermes celles dont l'étendue est comprise entre 10 et 150 acres ou de 4 à 60 hectares.

D'après les derniers rapports officiels, qui sont fort incomplets à ce sujet, il est probable que la proportion entre les trois catégories de fermes peut s'établir ainsi :

1re catégorie.. 14 p. o/o.
2e catégorie.. 46
3e catégorie.. 40

Il y a un certain nombre de fermes, tout d'un tenant, dont la superficie cultivée est supérieure à 10,000, 15,000, 20,000 et même à 30,000 hectares.

Il est, je crois, utile de présenter quelques observations explicatives avant d'indiquer le personnel dont ces différentes fermes ont besoin. Tous les fermiers cultivant plus de 3oo hectares de terres possèdent un outillage complet, c'est-à-dire charrues, herses, machines à semer, à faucher, à faner, à moissonner, à battre, cette dernière accompagnée d'une machine à vapeur, etc., tandis que les fermiers dont le domaine est moindre n'ont ni moissonneuse ni batteuse, et ils préfèrent donner ces deux opérations à l'entreprise, ce qu'ils font au prix de 17 cents ou 85 centimes par 1oo livres, soit 45 kilogrammes 3o.

Une ferme de 1,25o acres ou 5oo hectares exigerait de 4 à 6 domestiques à l'année, de 8 à 1o journaliers durant la saison des labours et des semailles, qui dure de 6o à 9o jours, et de 4o à 5o personnes pendant celle de la moisson et du battage, dont la durée est de 3o à 6o jours.

Dans une ferme moyenne de 25o acres ou 1oo hectares, le fermier (que je suppose marié et travaillant) emploierait 1 domestique à l'année, 2 laboureurs pour l'aider à ensemencer ses terres et 2 hommes pendant quelques jours à l'époque de la fenaison; quant à la moisson et au battage, ils sont faits par un entrepreneur dans les conditions indiquées plus haut.

Le fermier avec une charrue double, des herses, une semeuse et une faucheuse suffit généralement à l'exploitation d'une ferme de 6o à 8o acres ou de 25 à 32 hectares, sauf en ce qui concerne la moisson et le battage.

Quant aux fermes dont l'étendue est supérieure à 1oo hectares, et le nombre en est assez considérable, on estime qu'en dehors du personnel permanent d'un homme par 1oo ou 12o hectares, il faut, durant toute la saison des labours et des semailles, un laboureur par 3o ou 35 hectares et un homme par 12 hectares pendant tout le temps que durent la moisson et le battage.

VALEUR FONCIÈRE DES TERRES À L'HECTARE.

Elle dépend non seulement de la qualité des terres, mais encore de l'importance des villes et des facilités de transport que celles-ci offrent; elle varie de 3oo à 1,2oo francs l'hectare cultivé.

Les terres cultivées, suivant qu'elles sont plus ou moins rapprochées d'une rivière navigable ou d'un chemin de fer, se vendent depuis 8o jusqu'à 6oo fr.

On peut acheter des terres incultes à un prix qui varie de 25 à 25o francs selon leur qualité et leur situation.

Je ferai remarquer que les prix ci-dessus ne s'appliquent pas aux terres concédées par le Gouvernement fédéral en vertu des lois de préemption et de *homestead*.

NATURE ET VALEUR DES BÂTIMENTS D'UNE FERME MOYENNE.

Les bâtiments nécessaires pour une ferme de 25o acres ou 1oo hectares dans les conditions ordinaires consistent en deux maisons : l'une composée de cinq à six pièces pour le fermier et sa famille, et l'autre de deux pièces pour le logement des employés et d'un enclos (corral) avec écurie, grange et basse-cour, le tout construit en planches et couvert de bardeaux. Le coût total sera entre 7,000 et 12,000 francs.

AMÉLIORATIONS FONCIÈRES.

Les défrichements, dans la plupart des cas, consistent à labourer et à herser les terres après les premières pluies du printemps, et à faire plus tard,
dans le but de détruire les mauvaises herbes, un labour croisé et un ou plusieurs
hersages; ces opérations faites, la terre est en état d'être ensemencée. Si les
herbes sont trop fortes et mêlées de broussailles, on y met le feu avant de faire
passer la charrue, et enfin s'il y a des arbres en plus ou moins grand nombre,
il faut commencer par les abattre. Les défrichements des terrains nus ne coû-
tent que le prix des journées de labourage et de hersage dont je viens de parler;
et comme ces journées sont fournies par l'acquéreur, celui-ci, pour ainsi dire,
n'en tient pas compte; pour se faire une idée des dépenses de défrichement
d'un hectare, il suffit de savoir qu'un homme avec une charrue, des herses et
2 à 4 chevaux peut défricher dans une saison 20 hectares de terres. L'abatage
entraîne des frais, mais ils sont ordinairement couverts par la vente des bois
qu'on en retire, soit pour le chauffage, soit pour la clôture.

Les clôtures, hautes de 1 mètre à 1 mètre 25, sont formées d'une double
rangée de planches de 8 à 10 centimètres de largeur sur 2 d'épaisseur, qui sont
clouées à des poteaux espacés de 5 mètres. Le prix de revient est de 1 fr. 75 à
2 francs le mètre. Ainsi donc l'entourage d'une ferme de 100 hectares coûterait de 7,000 à 8,000 francs.

Je dois faire remarquer que la dépense pour clôture n'est pas en réalité
aussi élevée, attendu qu'une partie est supportée par les propriétaires voisins,
et de plus et surtout qu'elle n'est pas nécessaire : en effet, une loi récente rend
le propriétaire d'animaux qui font des dégâts dans un champ ensemencé,
qu'il soit enclos ou non, responsable desdits dégâts.

Les fermes en général aboutissent aux chemins communaux, dont la création
et l'entretien sont à la charge des comtés; quand il n'en est pas ainsi, les fermiers
s'entendent entre eux et s'accordent réciproquement le passage sur leurs terres :
ainsi donc les chemins ruraux jusqu'à ce jour n'occasionnent aucune dépense.

CAPITAL D'EXPLOITATION POUR UNE FERME PRISE DANS LA MOYENNE
DES EXPLOITATIONS DU PAYS.

Le capital nécessaire pour exploiter une ferme de 250 acres ou 100 hectares est approximativement de 10,500 francs, dont voici l'emploi :

Achat { de 8 chevaux de travail	2,000 francs.
de 4 vaches, 8 moutons, 4 porcs, poules, etc.	1,000
de 2 charrues, 2 herses, 1 semeuse, 1 faucheuse et acces- soires	2,500
Chariot à 4 roues	800
Semences	1,800
Salaires et main-d'œuvre d'une année	2,000
Dépenses diverses	400
Total	10,500

Les propriétaires exploitants, qui forment la très grande majorité des cultivateurs en ce pays, ne possèdent en général qu'une partie du capital d'exploitation (de 4o à 6o pour o/o). Pour se procurer ce qui leur manque, ils ont recours à des emprunts hypothécaires remboursables en 2, 3 ou 4 années et portant intérêts au taux de 1o à 15 p. o/o par an.

Quant aux fermiers, c'est-à-dire aux métayers qui louent des terres moyennant une redevance du quart de la récolte brute, ils disposent ordinairement des sommes dont ils ont besoin; cependant il arrive qu'exploitants et métayers achètent à crédit une partie du matériel et leurs provisions, en donnant en garantie la récolte à venir.

Il n'existe pas d'institutions de crédit spéciales pour les agriculteurs; ils sont obligés de s'adresser aux banques ouvertes à tous.

Les prêts sont faits avec hypothèque d'une valeur de 25 à 3o p. o/o au-dessus de la somme prêtée et à un intérêt de 1o à 15 et même 18 p. o/o par an; les intérêts non payés se capitalisent tous les mois; en cas de non-payement des intérêts ou de remboursement du capital à l'époque fixée, des poursuites sont commencées devant le tribunal compétent, qui ordonne la vente des terres hypothéquées par le ministère du shériff; les frais de justice, stipulés d'avance dans le contrat de prêt, sont ordinairement de 5 p. o/o du capital et sont prélevés avec le capital et les intérêts sur le prix de vente.

RÉGIME DES EAUX.

Des travaux considérables ont été exécutés en Californie pour capter les eaux et en faciliter l'emploi : 1° pour l'exploitation des mines d'or; 2° pour l'usage des villes; et 3° pour l'irrigation.

Il y a 51o canaux construits pour fournir de l'eau aux mineurs; ils s'étendent sur une longueur collective de 7,8oo kilomètres et distribuent par jour 2 milliards de gallons ou 7 milliards 1/2 de litres. Le prix d'un pouce d'eau pendant dix heures, équivalant d'après l'usage à 79,5oo litres, varie de 5o centimes à 1 franc.

Toutes les villes de la Californie, et en particulier San-Francisco, sont abondamment approvisionnées d'eau; le résumé suivant des travaux exécutés à San-Francisco par une compagnie dûment autorisée donnera une idée de ce qui s'est fait en ce pays :

Deux immenses réservoirs, d'une capacité totale de 23 milliards de litres, dans lesquels se déversent les cours d'eau et les eaux pluviales de la majeure partie de la péninsule où est bâti San-Francisco, et qui communiquent entre eux, ont été construits en dehors des limites de la ville à une distance de 8 et de 15 kilomètres. L'eau de ces réservoirs se rend, par des conduits en fer de 79 centimètres de diamètre, dans cinq bassins d'une capacité totale de 200 millions de litres, situés dans l'enceinte du tracé de la ville, à une hauteur au-dessus du niveau moyen des rues de 5o à 6o mètres. D'autres sources sont aussi utilisées pour les besoins de la ville; elles alimentent deux bassins

pouvant contenir 39 millions de litres, à une altitude respective de 160 et
40 mètres. Ces sept bassins de distribution sont reliés à un réseau de tuyaux
en fer qui longent toutes les rues et se ramifient non seulement dans toutes
les maisons, mais encore, si on le désire, dans toutes les pièces de chaque
étage. Le développement de tous ces conduits et tuyaux est de 324 kilomètres, dont 276 appartiennent au réseau de distribution en ville. La consommation journalière de l'eau à San-Francisco, qui compte une population de
220,000 âmes, est de 50 millions de litres, soit 228 litres par tête. Le prix de
l'eau pour les particuliers est calculé sur la base de 2 francs par 3,785 litres.

Les irrigations, longtemps négligées, sont aujourd'hui pratiquées sur une
grande échelle; d'après le rapport des commissaires répartiteurs (*assessors*),
100,000 hectares environ sont irrigués, et bientôt ce chiffre sera porté à
500,000 par l'achèvement des canaux en cours de construction ou d'étude.

Dans beaucoup de fermes, et surtout dans celles de petite étendue, des puits
artésiens ont été creusés avec succès.

La Californie ne possède pas encore de lois générales réglant le régime
des eaux, et le droit à l'usage de l'eau des rivières et des lacs qui appartiennent au domaine public s'acquiert par la prise de possession, soumise à certaines conditions et formalités, dont voici les principales : Les eaux ne peuvent être employées que dans un but d'utilité notoire et sans qu'il en résulte un
dommage pour un tiers ou pour des droits antérieurs; une affiche placée au
point précis où commencera le canal de dérivation avec ou sans barrage
devra mentionner les nom, qualité et résidence du préempteur, l'objet de la
prise d'eau, la direction et l'étendue du canal; une copie de cette affiche sera
déposée au bureau d'enregistrement le plus voisin. Après un délai de trois
mois, un certificat tenant lieu de titre et dûment enregistré est délivré, si toutefois il n'est pas survenu d'opposition; dans le cas contraire, les tribunaux
décident s'il y a lieu ou non de passer outre.

C'est en vertu de ce droit résultant de l'occupation que les mineurs se sont
approprié une grande partie des cours et amas d'eau pour faire le lavage de
leurs terres aurifères; avec le temps, les débris de ces lavages ont comblé les
lits des rivières et occasionné des inondations qui ont ensablé les terres riveraines. Les propriétaires de ces terres se sont adressés, il y a quelque temps,
aux tribunaux, demandant qu'il soit fait défense de se servir des eaux publiques pour l'exploitation des mines, attendu l'inconstitutionnalité de leur
cession en faveur de quelques-uns et au détriment du public en général.

ASSAINISSEMENT.

Le drainage proprement dit n'est pas encore usité, mais le desséchement
est pratiqué en grand depuis quelques années : on dessèche les marais au
moyen d'un large et profond canal d'écoulement, auquel viennent aboutir de
nombreuses rigoles, et qui se déverse dans la rivière voisine qui a produit et
entretient les marais; on dessèche les terres submersibles en les protégeant

contre les inondations au moyen de digues et chaussées élevées au-dessus du niveau des plus grandes eaux. On a quelquefois recours à ces deux systèmes d'assainissement.

Les frais diffèrent tellement, suivant les circonstances, qu'il est difficile de les préciser; dans les conditions les plus favorables, ils sont de 5o à 1oo francs par hectare. Je dois faire observer que les terres mises ainsi en culture sont d'une excessive fertilité, et que l'État, après constatation de l'assainissement, accorde une prime égale au prix de vente payé.

MAIN-D'ŒUVRE ET SALAIRES.

Le prix de la main-d'œuvre et le taux des salaires payés pour les travaux agricoles ont beaucoup diminué depuis dix ans, et ils tendent encore à diminuer.

Les employés des fermes sont engagés au mois, rarement à la journée et jamais à l'année.

Parmi ceux qui sont loués au mois, les uns sont censés devoir rester toute l'année et les autres sont congédiés dès que le travail cesse : les premiers reçoivent mensuellement de 1oo à 175 francs, et les autres de 175 à 25o francs; le prix de la journée varie de 5 à 1o francs. Le mois est de 26 jours ouvrables; les gens qui sont au mois et à la journée ne sont pas payés quand le mauvais temps empêche le travail, mais ils sont logés et nourris.

Dans les fermes, il y a trois repas par jour; ils consistent en pain, viande, pommes de terre, légumes frais ou secs, café et thé. Le prix de la nourriture est de 2 fr. 25 cent. par jour et par homme.

Les conditions d'existence des familles agricoles américaines sont généralement bonnes; elles sont bien logées, s'habillent et se nourrissent bien. Voici, au reste, ce que je lis à ce sujet dans un discours prononcé devant l'assemblée agricole de cet État :

«Nos fermiers sont déréglés dans leur genre de vie, extravagants dans leurs idées et leurs dépenses; ce qu'ils gaspillent en superfluités suffirait pour les enrichir. Quand ils ont une bonne récolte, ils changent immédiatement leur genre de vie et se bâtissent une nouvelle maison plus confortable et plus élégamment meublée, contractant ainsi de nouvelles dettes qui s'ajoutent aux anciennes, jusqu'à ce que les hypothèques aient absorbé la valeur de la ferme.»

VIABILITÉ.

L'état des voies d'exploitation est bon pendant la saison sèche, mais plus ou moins mauvais pendant l'hiver, c'est-à-dire pendant trois mois. Quant aux routes mettant les fermes en communication avec les marchés et avec San-Francisco, seul port d'exportation de la Californie, elles sont en général bien entretenues.

PRODUCTION.

En Californie, le système des assolements n'est pas pratiqué, si ce n'est dans les fermes irriguées ou d'une très petite étendue. La durée de la séche-resse ne permet pas la culture des racines et des prairies artificielles qui alterne dans les autres pays avec celle des céréales. La culture proprement dite laisse à désirer. On ne se préoccupe que d'une chose : faire rendre à la terre le plus possible et au meilleur marché possible ; mais l'outillage agricole est excellent et se compose des meilleures machines qui ont été inventées et perfectionnées depuis vingt ans : machines à labourer, à herser, à semer, à faucher, à faner, à moissonner et à battre, et en général toutes celles qui ont pour objet de se substituer à la main-d'œuvre.

Les terres cultivées se classent d'après leur nature : 1° les terres alluviennes et sablonneuses, d'une très grande profondeur ; 2° les terres noires, argileuses et calcaires ; et 3° les terres situées au pied et sur les versants des montagnes.

PRODUITS VÉGÉTAUX RÉCOLTÉS.

Dans les terrains neufs de la première catégorie, et pendant dix à douze ans de suite, on récolte par hectare 20 hectolitres de froment, 28 d'orge et 25 de maïs ou d'avoine et 5 tonnes de fourrages (orge et quelquefois froment coupés en vert).

La production des terrains neufs de la deuxième catégorie est par hectare, et pendant sept à huit ans, de 12 hectolitres de froment, 20 d'orge et 18 d'avoine, et 2 tonnes 1/2 de fourrages.

Enfin les terres de la troisième catégorie produisent à l'hectare, et pendant trois ou quatre ans, 9 hectolitres de froment, 15 d'orge et 1 tonne 3/4 de foin.

Un hectare planté en vignes, en plein rapport, donne de 20 à 25 hectolitres de vin.

Voici les prix moyens sur place de ces divers produits pendant les trois der-nières années :

Froment	15 à 20 fr. l'hectolitre.
Orge	9 à 12
Maïs	11 à 14
Vin	60 à 80

L'exportation du froment s'est élevée comme il suit :

1874	4,500,000 hectolitres.
1875	4,400,000
1876	5,900,000
1877	2,900,000
1878	4,900,000

soit une moyenne annuelle de 4,540,000 hectolitres, dont la destination a été l'Europe et surtout l'Angleterre. Il a été expédié, pendant la même période de cinq ans, tant au Mexique, au centre de l'Amérique et au Pérou qu'aux îles Sandwich, en Australie et en Chine, etc., une moyenne annuelle de 400,000 quintaux métriques de farine.

L'exportation de l'orge, qui se fait dans toutes les républiques d'origine espagnole, en Australie, dans les îles Sandwich, etc., a été en moyenne, depuis cinq ans, de 200,000 quintaux métriques. L'Angleterre en reçoit aussi quelques milliers de quintaux.

Tout le maïs est consommé dans le pays.

PRODUITS ANIMAUX.

L'élève des chevaux et surtout des bêtes à cornes et des moutons est pratiqué principalement dans des fermes spéciales qui sont presque tout entières en pâturages. Les fermes proprement dites, excepté les très grandes, n'entretiennent que des chevaux de travail et le nombre de vaches, de moutons et de porcs qui peut être nécessaire aux besoins du personnel. Il y a dans une ferme de 100 hectares : 8 à 12 chevaux, 4 à 6 vaches, 12 à 18 moutons et 4 à 6 porcs.

Les animaux de toute espèce sont toujours, dans les fermes d'élevage, en plein air et n'ont d'autre nourriture que celle qu'ils trouvent dans les pâturages; mais, dans la majeure partie des fermes à blé, les chevaux, lorsqu'ils travaillent, sont en partie nourris dans les corrals ou dans les écuries ou hangars; il en est de même, surtout dans le Nord, pour les autres animaux quand le temps est trop mauvais.

Le prix d'un cheval de travail est en moyenne de 175 francs.

L'âge, le poids et la valeur des animaux de toute espèce qui sont livrés à la consommation sont donnés dans le tableau ci-après :

	ÂGE.	POIDS.	VALEUR.
Bœufs...............	3 à 4 ans.	250 à 350 kilogr.	150 à 200 francs.
Veaux..............	1 à 6 mois.	50 à 110	27 à 55
Moutons............	24 à 30	20 à 30	10 à 15
Porcs..............	8 à 14	60 à 90	22 à 34

La Californie n'exporte pas d'animaux vivants ou abattus.

PERTES ANNUELLES.

Les produits végétaux éprouvent quelquefois des pertes plus ou moins importantes provenant de la sécheresse ou de pluies excessives suivies d'inondations; la différence si considérable qu'on remarque dans la production annuelle ci-dessus donnée des années 1874 à 1878 est due à ces causes. La grêle est tout à fait inconnue, mais la gelée se fait parfois sentir dans les vignes et les vergers.

Les insectes nuisibles sont les sauterelles, dont l'invasion devient de plus en plus rare et est de plus en plus circonscrite; la fumée produite par la paille et les herbes humides est le seul moyen employé pour les éloigner. Les animaux malfaisants sont les écureuils et les oies sauvages, qui causent d'assez grands ravages dans certains districts : on se préserve des premiers, dont le nombre diminue d'année en année, avec la strychnine et du phosphore; les oies sauvages sont chassées par le bruit des armes à feu, ce qui exige l'emploi pendant quelques jours d'un grand nombre d'hommes. Les dégâts dus à la présence d'insectes nuisibles et animaux malfaisants sont relativement peu importants; ils n'atteignent pas, année moyenne, 2 ou 3 p. o/o.

Les animaux ne sont pas sujets en Californie, d'une manière sérieuse, à des maladies épidémiques ou à des épizooties.

TRANSPORT ET EXPORTATION.

Le transport des produits végétaux de la ferme aux marchés, dans les chemins de fer ou embarcadères sur les voies fluviales, est fait par les fermiers eux-mêmes et avec leurs propres moyens.

Les chemins de fer et les cours d'eau navigables qui sillonnent les districts agricoles sont tellement rapprochés que la distance à parcourir excède très rarement 15 à 20 kilomètres et est souvent beaucoup moindre. En outre, les routes sont bonnes au moment de ces transports. On peut donc regarder cette dépense comme à peu près nulle.

Le fret des gares de chemins de fer dans l'intérieur à San-Francisco par les voies ferrées n'est pas uniforme dans tous les chemins de fer, et n'est pas strictement proportionnel aux distances parcourues dans le même chemin de fer; cependant on peut fixer la moyenne du fret par mille d'une tonne entre 3 et 4 cents, ce qui fait ressortir le fret moyen d'une tonne de 9 à 12 centimes par kilomètre.

Le fret des embarcadères sur les rivières jusqu'à San-Francisco par les voies fluviales est beaucoup moins élevé que par chemins de fer : la différence est de 50 à 60 p. o/o.

A San-Francisco, les blés sont vendus livrables le long du bord, et les frais d'arrimage sont à la charge du capitaine[1]; par conséquent, le propriétaire de la cargaison a à payer :

Les honoraires de l'expert chargé de vérifier la qualité et le poids de la

---

[1] Ces frais pour un navire chargé de 1,000 tonnes sont :

Achat et mise en place de planches, poutrelles, menus bois, vieilles toiles, etc., pour fardage et grenier	290 dollars.
Agrandissement requis de l'archipompe	30
Arrimage (40 cents ou 2 francs par tonne)	400
Droits de wharf pendant 10 jours, à 9 dollars 50 cents par jour	95
TOTAL	815 ou 4,075$

marchandise au moment de l'embarquement, soit 7 cents 5 ou 37 centimes par tonne;

Le montant du fret au prix moyen de 80 francs par tonne;

La prime d'assurances, qui est de 2 p. o/o;

Et la commission d'acheteur, fixée à 2.50 p. o/o.

Comme les blés de Californie sont excessivement secs lors de la mise à bord, les déchets de route sont plus que compensés par l'augmentation du poids résultant de l'humidité de la cale.

Les laines de Californie sont achetées en totalité par les fabricants de l'Est, à qui elles sont expédiées par chemin de fer.

LÉGISLATION AMÉRICAINE CONCERNANT L'IMPORTATION ET L'EXPORTATION.

La Constitution des États-Unis interdit aux États qui composent l'Union d'imposer des droits, soit d'importation, soit d'exportation, cette faculté étant réservée expressément au Gouvernement central. Elle déclare de plus qu'il ne pourra être levé de droit ou d'impôt quelconque sur aucun objet qui sera exporté hors du domaine des États.

Il s'ensuit qu'il n'existe et ne peut exister de droits d'exportation en Californie et que les droits d'importation sont déterminés et fixés par le tarif des douanes de l'Union, dont voici un extrait en ce qui concerne les céréales, les animaux et les vins :

Le froment acquitte un droit de 20 cents par boisseau; le seigle et l'orge payent un droit de 15 cents; l'avoine et le maïs, un droit de 10 cents par boisseau. Les animaux vivants, excepté ceux qui sont destinés à la reproduction, payent 20 p. o/o *ad valorem*. Les vins sont beaucoup plus maltraités : le droit d'entrée est, pour les vins non mousseux en futailles ou en bouteilles, de 25 cents, 60 cents et 1 dollar par gallon, suivant leur valeur. Le champagne et autres vins mousseux en caisses de 12 bouteilles payent 6 dollars, 3 dollars et 1 dollar, selon la contenance des bouteilles.

LÉGISLATION FISCALE.

La propriété rurale est soumise, comme celle des villes, aux seuls impôts directs levés par l'État de Californie et par le comté dans lequel elle est située; ces impôts sont un tant pour cent de la valeur estimative, qui est ordinairement de 60 à 70 p. o/o de la valeur réelle. Depuis 1851 jusqu'à 1879, la moyenne du tant pour cent perçue pour compte de l'État a été de 75 cents (3 fr. 75 cent.) p. o/o, et celle des comtés s'est élevée à 1 dollar 40 cents (7 francs) p. o/o, soit ensemble 10 fr. 75 cent. p. o/o. Pour la présente année, la proportion des taxes de l'État a été fixée à 55 cents (2 fr. 75 cent.) p. o/o et celle pour les différents comtés varie de 95 cents à 1 dollar 45 cents (4 fr. 75 cent. à 7 fr. 25 cent.) p. o/o. Je dois faire observer que le montant imposé de la propriété rurale comprend les valeurs de la terre, des clôtures, des animaux de toute sorte, du matériel, des bâtiments et du mobilier; les moissons sur pied sont exemptes d'impôts. Indépendamment de cette imposition directe, chaque résident, citoyen ou étranger, âgé de vingt et un à soixante ans, doit payer une contribution personnelle dite *poll tax* de 15 francs par an, à moins qu'il appartienne à la milice; le produit de cette taxe est destiné à l'entretien des chemins.

On peut conclure de ce qui précède qu'une ferme de 250 acres (100 hectares), avec les clôtures, bâtiments, matériel et animaux qu'elle compte et dont la valeur réelle serait de 12,000 dollars ou 60,000 francs, ne serait estimée qu'à environ 40,000 francs, et qu'en prenant pour base la moyenne des taxes réunies de l'État et du comté, qui a été fixée à 10 fr. 75 cent. par 500 francs, elle aurait à payer un impôt de 4,300 francs, c'est-à-dire un peu plus de 7 p. o/o du prix véritable de la ferme.

Quand le fermier n'est pas propriétaire de la terre, il ne supporte que la partie de la taxe afférente au matériel et aux animaux.

AVANTAGES OFFERTS AUX COLONS.

Les colons qui viennent s'établir en Californie dans les parties non défrichées ont droit, s'ils sont citoyens des États-Unis ou s'ils ont déclaré leur intention de le devenir, aux bénéfices des lois de préemption et de *homestead*, ainsi que je l'ai expliqué; mais les colons appartenant à une nationalité étrangère qu'ils veulent conserver ne sont l'objet d'aucune faveur.

Une famille étrangère composée du père, de la mère et de plusieurs enfants en état de travailler et pouvant disposer d'un capital suffisant, d'après les chiffres donnés ci-dessus, pour pouvoir acheter et exploiter une ferme de 50 à 100 hectares, aurait des chances de réussir, surtout s'ils joignent à l'amour du travail et à l'esprit d'économie un caractère résolu et énergique, que rien ne décourage. Le pécule nécessaire serait diminué si le chef de la famille se résignait à faire la déclaration d'intention dont il vient d'être question, ce qui lui assurerait 160 acres ou 64 hectares de terres aux prix et conditions déterminés par les lois de préemption et de *homestead*.

ADMINISTRATION DES SERVICES PUBLICS DE L'AGRICULTURE.

Un département spécial d'agriculture a été créé à Washington; son action s'exerce sur tout ce qui se rattache directement ou indirectement à cette importante branche de la richesse publique : il est chargé en particulier de la réunion et de la publication de tous les faits, expérimentations, renseignements et documents de nature à intéresser les cultivateurs, de l'achat à prix d'argent ou par échanges de toutes plantes et graines exotiques d'une utilité reconnue, de leur acclimatation et de leur distribution gratuite aux fermiers qui en feront la demande, etc. On s'accorde à reconnaître que cette institution a rendu de grands services à l'agriculture.

Indépendamment des lois de préemption et de *homestead*, dont les dispositions libérales, que j'ai déjà fait connaître, ont puissamment contribué aux progrès de l'agriculture, il a été voté par le Congrès une loi dotant, au moyen de concessions de terres publiques, l'enseignement agricole et professionnel. 150,000 acres ou 60,690 hectares d'une valeur de plus de 187,000 dollars ou 935,000 francs ont été attribués, en vertu de cette loi, au collège d'agriculture et des arts mécaniques de Californie.

Les encouragements donnés à l'agriculture par l'État de Californie consistent principalement en une prime, égale au prix d'achat, accordée à celui qui met en culture des terres marécageuses ou submersibles vendues par l'État, et en subventions annuelles aux sociétés agricoles.

ENSEIGNEMENT AGRICOLE.

L'université de Californie possède, ainsi que le veut sa loi organique, un collège d'agriculture qui en fait partie intégrante; c'est le seul qui existe dans ce pays.

L'enseignement agricole est gratuit, selon la règle générale de l'Université, et sa durée est de quatre années; pendant les deux premières, les études sont les mêmes que celles des collèges dits *scientifiques*, et pendant les deux dernières on enseigne principalement la théorie et la pratique de l'agriculture.

Les candidats, pour être admis, doivent être âgés de seize ans, présenter des certificats de bonne vie et mœurs et posséder les connaissances requises pour pouvoir suivre les cours auxquels ils sont destinés. Tous les élèves sont externes.

ASSOCIATIONS AGRICOLES.

Il y a en Californie plusieurs associations de ce genre; la principale et la plus importante embrasse tout l'État. Fondée en 1854 sous le nom de *Société d'agriculture de Californie*, elle a été reconnue et autorisée (*incorporated*) par des actes particuliers de la législature en date des 13 mai 1854 et 20 mars 1858, qui lui concèdent divers droits et privilèges, notamment ceux d'acquérir, recevoir, posséder et aliéner des biens meubles et immeubles, de fonder et entretenir des fermes modèles et des champs de course, de construire tous les édifices nécessaires à des expositions d'animaux domestiques de toutes espèces et de tous produits, soit agricoles, soit manufacturés, d'établir des concours, de s'en constituer les juges ou de choisir les juges *ad hoc*, de fixer et de distribuer les primes et autres récompenses, etc. Les sociétaires élisent un président et neuf directeurs, qui forment en même temps le conseil d'agriculture de l'État; l'administration générale et financière de la société appartient au président et aux directeurs, qui nomment tous les fonctionnaires et officiers, ainsi que toutes les commissions nécessaires.

Les ressources annuelles de cette société s'élèvent à environ 200,000 francs, qui sont employés principalement en primes d'argent, médailles d'or, d'argent et de bronze et autres prix ; ils proviennent de la subvention accordée par l'État, des souscriptions des membres, de dons volontaires et surtout des profits réalisés pendant les expositions tant au pavillon et dans les autres bâtiments de la société qu'au champ de course.

Les sociétés qui existent dans plusieurs villes et comtés ont à peu près la même organisation, le même mode d'action, et elles sont soutenues de même par une allocation de l'État, des dons volontaires, les souscriptions des membres et principalement les recettes des expositions, des concours et des courses dont elles sont chargées.

Le Consul de France à San-Francisco,
Ant. FOREST.